Wirbelschichttechnik

Verfahrenstechnik in Einzeldarstellungen

Herausgegeben von Dr.-Ing. J. Spangler und Dr.-Ing. W. Matz

9

Wirbelschichttechnik

Von

Dr.-Ing. Franz Schytil

Frankfurt (Main)

Mit 87 Abbildungen

Springer-Verlag

Berlin / Göttingen / Heidelberg

1961

ISBN-13: 978-3-540-02763-8 e-ISBN-13: 978-3-642-45968-9
DOI: 10.1007/978-3-642-45968-9

Vorwort

Für die Masse eines körnigen Festkörpers, welche durch aufsteigendes Gas gelockert und in Bewegung gebracht wird, ist vor mehr als 35 Jahren von F. WINKLER[1] die Bezeichnung „Wirbelnde Schicht" geprägt worden. Bei der Kohlevergasung wird eine solche Wirbelschicht aus Brennstoff in dem nach ihm bekannten Generator angewendet. Als nun vor etwa 15 Jahren in den Vereinigten Staaten für das katalytische Cracken praktisch die gleiche Verfahrensmethode, nämlich die sogenannte Fluidized-Bed-Technik entwickelt wurde und darauf in rascher Folge zahlreiche theoretische Untersuchungen über Fluidization erschienen und auch neue Anwendungsmöglichkeiten gefunden wurden, suchte man nach einem geeigneten deutschen Ausdruck. Staubfließverfahren oder Fließbettechnik schienen möglich, aber schließlich hat sich die Bezeichnung Wirbelschichttechnik durchgesetzt.

Mittlerweile sind in englischer und französischer Sprache mehrere Bücher über diesen Gegenstand erschienen, während in der deutschen Literatur nur wenige, knapp zusammenfassende Darstellungen vorhanden sind.

Mit der vorliegenden Schrift wurde nun versucht, die theoretischen Grundlagen und auch die praktische Anwendung der Wirbelschichttechnik in etwas breiterer Form zu umreißen, wobei der Begriff Wirbelschicht auf alle Prozesse, bei denen dichtere Teilchen in einen aufwärtsgerichteten Strom eines Trägermediums verteilt sind, ausgedehnt wurde. Den praktischen Anwendungen wurde hierbei verhältnismäßig viel Raum gegeben, weil jene Apparatetypen, die sich bereits bewährt haben, als Vorbild für neue Verfahren dienen können. Daneben ist manchmal auch auf reine Labor- oder Versuchsanlagen hingewiesen worden, wenn durch diese neue Wege aufgezeigt werden.

Beim theoretischen Teil des Buches waren oft voneinander abweichende Ergebnisse zu bringen. Meist wurde einer bestimmten Ansicht der Vorzug gegeben und die anderen Richtungen, ohne Einzelheiten zu bringen, erwähnt.

In dem Kapitel, welches die Strömungslehre behandelt, sind die Gleichungen durchweg im physikalischen Maßsystem angegeben. Für die Wärmeübergangszahlen in den späteren Kapiteln wurde das technische Maßsystem benutzt, so daß man hier auch die anderen Variablen in korrespondierenden Einheiten einzusetzen hat.

[1] FRITZ WINKLER, geb. 22. Juni 1888 in Zeil am Main, ab 1916 Chemiker bei der Badischen Anilin- und Sodafabrik.

Frankfurt am Main, im April 1961

Franz Schytil

Inhaltsverzeichnis

Seite

Einleitung 1

I. Grundlagen der Wirbelschichtverfahren 2

1. Übersicht über die Ausbildung von Wirbelsuspensionen 2
2. Anwendung der Strömungslehre auf Wirbelsuspensionen 9
   2.1 Druckabfall in durchströmten Schüttungen, Bestimmung der Lockerungsgeschwindigkeit 9
   2.2 Die Schwebegeschwindigkeit und das Geschwindigkeitsintervall, in dem eine stationäre Wirbelschicht möglich ist 15
   2.3 Die Ausdehnung einer Wirbelschicht in Abhängigkeit von der Gasgeschwindigkeit 19
   2.4 Die Inhomogenität von Gaswirbelschichten und die Wirbelschichtzähigkeit 25
   2.5 Staubentwicklung in Wirbelschichten, wirbelnde Flugstaubwolken und pneumatischer Transport 30
   2.6 Zustandsdiagramme von Festkörper-Gas-Systemen 38
3. Transportvorgänge in Wirbelschichten 45
   3.1 Wärmeübergang zwischen Grenzfläche und Wirbelschicht 45
   3.2 Wärmeübergang zwischen Trägergas und Wirbelgut 57
   3.3 Stoffübergang zwischen Trägermedium und Wirbelgut 60
   3.4 Mischeffekte im Trägermedium 65
   3.5 Mischeffekte im Wirbelgut 68

II. Praktische Anwendungen der Wirbelschichttechnik 71

4. Die Vergasung von festen Brennstoffen 71
   4.1 Der WINKLER-Generator 71
   4.2 Theoretische Behandlung der Vergasungsreaktionen in der Wirbelschicht 74
   4.3 Vergasungsverfahren mit intermittierender Umkehr der Gasströmung 77
   4.4 Vergasungsverfahren mit Brennstoffkreislauf, Entgasung und Verbrennung von Kohle in der Wirbelschicht 79
5. Das Rösten sulfidischer Erze 81
   5.1 Die klassischen Röstverfahren und die Wirbelschichtröstöfen 81
   5.2 Theorie der Wirbelschichtröstung 87
6. Thermische Behandlung fester Stoffe 91
   6.1 Trocknen in der Wirbelschicht, Sublimieren und Kondensieren von Dämpfen 91
   6.2 Kaffeerösten in der Wirbelschicht 95
   6.3 Hochtemperaturoperationen, Kalkbrennen 96
   6.4 Reduktion von Metalloxyden 98
7. Kontaktkatalytische Gasreaktionen 103
   7.1 Exotherme Reaktionen, Phthalsäureanhydrid-Synthese, FISCHER-TROPSCH-Synthese 103
   7.2 Katalytisches Cracken, Reformieren und Rückstandsverkoken 107

Literaturverzeichnis 115

Namen- und Sachverzeichnis 118

Zusammenstellung der häufiger vorkommenden Formelzeichen

C, $C(Re)$	Widerstandszahl für Kugeln	dimensionslos
C	Molare Konzentration	$[l^{-3}]$
D	Rohrdurchmesser	$[l]$
D	Diffusionskoeffizient	$[l^2\,t^{-1}]$
F	Querschnittsfläche,	$[l^2]$
	Teilchenoberfläche je Volumeneinheit einer Wirbelschicht oder einer Schüttung	$[l^{-1}]$
F_v	Oberfläche/Volumen eines Teilchens	$[l^{-1}]$
Fr	FROUDEsche Zahl, (v^2/Dg), (v^2/dg)	dimensionslos
G	Massengeschwindigkeit des strömenden Mediums	$[ml^{-2}\,t^{-1}]$
G_f	Einspeisegeschwindigkeit des Feststoffs	$[ml^{-2}\,t^{-1}]$
H, H_L	Schichthöhe, Schichthöhe am Lockerungspunkt	$[l]$
P	Gesamtdruck	[Atm]
Re	REYNOLDSsche Zahl (vd/ν)	dimensionslos
c	Konzentration	$[ml^{-3}]$
c_p, c_f	Spezifische Wärme von Trägergas und Testkörper	[Kcal/kg]
d	Teilchendurchmesser	$[l]$
d_k	Hydraulischer Teilchendurchmesser $6/F_v$	$[l]$
g	Erdbeschleunigung	$[lt^{-2}]$
Δp	Druckdifferenz	$[ml^{-1}\,t^{-2}]$
p	Partialdruck	[Atm]
t	Zeit	$[t]$
v	Strömungsgeschwindigkeit bezogen auf den freigedachten Querschnitt	$[lt^{-1}]$
v_L	Lockerungsgeschwindigkeit	$[lt^{-1}]$
v_S	Schwebegeschwindigkeit, Endfallgeschwindigkeit eines Teilchens in ruhender Umgebung	$[lt^{-1}]$
v_f	Eigengeschwindigkeit eines Teilchens	$[lt^{-1}]$
α	Wärmeübergangszahl	[Kcal/m² h °C]
β	Stoffübergangszahl	$[lt^{-1}]$, od. gem. Defin. n. Gl. (71) u. (72)
ε, ε_L	Hohlraumanteil, Hohlraumanteil am Lockerungspunkt	dimensionslos
η	Dynamische Zähigkeit des strömenden Mediums	$[l^{-1}\,mt^{-1}]$
η^*	Wirbelschichtzähigkeit	$[l^{-1}\,mt^{-1}]$
ϑ	Temperatur	[°C]
λ	Wärmeleitzahl	[cal/cm sek °C]
λ	Formfaktor, Widerstandszahl für Rohrreibung	dimensionslos
μ	Materialbeladung einer pneumatischen Förderung	dimensionslos
ν	Kinematische Zähigkeit	$[l^2\,t^{-1}]$
ϱ, ϱ_f	Dichte des strömenden Mediums, Festkörperdichte	$[ml^{-3}]$
ψ	Widerstandszahl für eine durchströmte Schüttung	dimensionslos

Einleitung

Seit alters her hat man gelernt, den Einfluß der Schwerkraft bei der Bewegung von Gütern, welche man irgendwie behandeln möchte, zu berücksichtigen und auch auszunutzen.

Bei chemischen und metallurgischen Prozessen benutzte man die Schwere des Behandlungsgutes schon bei den im Mittelalter aufgekommenen Schachtöfen, um das Material in Form einer Wanderschicht durch den Schacht absinken zu lassen.

Ein moderner Apparat, das Drehrohr, arbeitet mit einem Wechselspiel zwischen Haftreibung des Behandlungsgutes an der Drehrohrwand und dem Abwärtstransport durch seine Schwere. Das Gut durchwandert infolge dieser beiden Einflüsse das Rohr in einer abwärtsgeneigten spiralähnlichen Bahn und wird zudem noch dauernd durchgemischt.

Nun kann man auch den Einfluß der Schwere ausschalten, indem man das Gut in einem aufwärtsgerichteten Trägergas- oder Flüssigkeitsstrom suspendiert, welcher das Material in der Schwebe hält. Die Labilität dieses Zustandes ermöglicht eine leichte Beweglichkeit des Gutes, und es kann von allen Seiten zu- oder abgeführt werden. Da die Strömung nicht absolut homogen ist, wird das ideale Schweben nur für einen Teil des Materials auf begrenzte Zeit erreicht. Die Schwankungen bewirken, daß Teile des Gutes nach unten sinken, wieder hochgehoben oder, wenn die Strömungsgeschwindigkeit groß genug ist, mitgerissen werden.

Derartige Arbeitsverfahren werden unter der Bezeichnung ,,Wirbelschichttechnik'' zusammengefaßt. Vor allem in der Erdöltechnik haben sie, auf das katalytische Cracken angewendet, zu einem großen Erfolg geführt. Das Cracken selbst, auch das katalytische Cracken, ist an sich schon lange bekannt. Hierbei werden die schweren Fraktionen des Erdöls zu hochwertigem Benzin und Dieselöl umgewandelt. Die Aktivität der Crack-Katalysatoren sinkt aber nach wenigen Minuten durch Kohleabscheidung ab. Durch Abbrennen der Kohle erhält der Katalysator zwar wieder seine ursprüngliche Wirksamkeit zurück, aber bei einer ruhenden Kontaktfüllung erfordert dies dementsprechendes Umschalten. Mit Hilfe der Wirbelschichttechnik läßt sich aber dieser Prozeß sehr elegant durchführen. Man arbeitet mit 2 Katalysatorwirbelschichten – eine für die Reaktion, die andere für die Regeneration. Die Reaktorschicht wird von den zu crackenden Öldämpfen, die Regeneratorschicht von der Verbrennungsluft in Schwebe gehalten, und der Katalysator wird zwischen den beiden Stufen dauernd ausgetauscht. Man kann hunderte von Tonnen des Katalysators im Trägergas suspendieren, so daß sich Anlagen mit Tagesdurchsätzen bis zu 10000 Tonnen Öl bauen lassen. Die Wirbelschichtcrackanlagen haben wesentlich dazu beigetragen, daß durch die bessere Ausnutzung des Rohöls der Bedarf an Kraftstoffen gedeckt werden kann.

Die erste großtechnische Anwendung fand die Wirbelschichttechnik allerdings schon früher, und zwar in einem von F. Winkler entwickelten Vergasungsverfahren für die mitteldeutschen Braunkohlen. Mit Hilfe der Winkler-Generatoren ließ sich der Bedarf der deutschen Hydrier- und Synthesewerke an Wasserstoff und Synthesegas befriedigen. Bereits hier zeigte sich die Möglichkeit, Wirbelschichtapparate mit außergewöhnlich hohen Kapazitäten zu bauen, und es gibt Winkler-Generatoren mit einer Leistung von 50000 m^3 Gas je Stunde.

Der erneute Erfolg beim katalytischen Cracken brachte es mit sich, daß die Grundlagen der Wirbelschichttechnik sehr ausführlich studiert und andere Anwendungsgebiete gefunden wurden. Es gelang, sulfidische Erze in Wirbelschichtreaktoren vollkommener als bisher abzurösten: Wirbelschichtröstöfen lassen sich mit der zehnfachen Kapazität der klassischen Röster bauen.

Auch andere katalytische Verfahren, wie die Fischer-Tropsch-Synthese und die Phthalsäureanhydrid-Synthese aus Naphthalin, konnten mit Hilfe der Wirbelschichttechnik durchgeführt werden. Die Trocknung in der Wirbelschicht und die Reduktion von Eisenerzen scheint erfolgversprechend zu sein. Es ist zu erwarten, daß noch eine ganze Reihe von Prozessen, bei denen Festkörper mit Gasen in Berührung sind, mit Hilfe dieser Arbeitstechnik wirtschaftlich zu bewältigen sind.

I. Grundlagen der Wirbelschichtverfahren

1. Übersicht über die Ausbildung von Wirbelsuspensionen

Die klassische Vorrichtung zur Erzeugung einer Wirbelschicht besteht aus einem Schacht oder Trog, der am unteren Ende durch eine poröse Unterlage abgeschlossen ist. Als solche kann zum Beispiel ein Stabrost, eine Lochplatte, eine poröse Filterplatte, ein Gewebe oder Filz, aber auch eine Schüttung aus groben Teilchen dienen. Über diese wird dann das zu wirbelnde Material eingefüllt. Dieses muß aus einzelnen, nicht aneinander klebenden Körnern bestehen. Die Korngröße kann in weitem Maße, etwa zwischen 0,01 und 10 mm, variieren. Leitet man nun durch den Boden von unten nach oben Gase oder Flüssigkeiten, so durchströmen diese bei geringer Geschwindigkeit das Haufwerk, ohne die Teilchen zu bewegen.

Erst ab einer gewissen Grenzgeschwindigkeit, die von der Größe, der Form, der Dichte und der Lagerung der Teilchen abhängt, werden diese angehoben, und die Schicht dehnt sich etwas aus. Bei weiterer Steigerung der Geschwindigkeit tritt eine durchmischende Bewegung nach allen Richtungen ein. Die Schicht dehnt sich mit zunehmender Strömungsgeschwindigkeit noch weiter aus, und die Oberfläche gerät immer mehr in eine wallende Bewegung, wobei aber die Grenze gegenüber dem darüber befindlichen Gas- oder Flüssigkeitsraum zunächst noch erkennbar ist.

Einzelne Teilchen werden aus der Schicht hochgeschleudert und unter Umständen vom Strom mitgeführt. Dies ist in besonders starkem Maße der Fall, wenn Teilchen verschiedener Größe eingesetzt werden. Schließlich, bei weiterer Steigerung der Geschwindigkeit, beginnt das Gut mit dem Strom aufwärts zu wandern. Auch hier führt das Gut noch wirbelnde Bewegung aus, wenn durch dauerndes Nachführen von frischen Teilchen für eine genügend hohe Wirbelgutkonzentration gesorgt wird. Solche wirbelnden Flugstaubwolken oder Blaswolken sind aber im allgemeinen weniger dicht als die stationären Wirbelschichten, welche man bei geringeren Trägergasgeschwindigkeiten erhält.

Die Bewegung der Partikel in einer dichten stationären Wirbelschicht, welche zunächst besprochen werden soll, kann nun einen recht verschiedenartigen Charakter haben. Man spricht von einer homogenen Wirbelschichtausbildung (particulate fluidization, fluidisation homogène oder fluidisation particulaire), wenn über die ganze Schicht eine gleichmäßige Verteilung von Festkörper und strömendem Medium herrscht. Dies ist in idealer Weise zu erreichen, wenn mit einer Flüssigkeit aufgewirbelt wird.

Bei Gasen als Träger treten praktisch stets Blasen auf, welche man allerdings bei feinen Teilchen und einer engporigen Grundplatte klein halten kann. Auch die Teilchengrößenverteilung spielt eine Rolle. Einheitliche Teilchen wirbeln im allgemeinen inhomogener.

Bei gröberen Teilchen, vor allem wenn sie die Größe von etwa 1 mm überschreiten, treten bei der Durchwirbelung mit Gas stets größere Hohlräume auf. Diese steigen nach oben und verursachen eine starke Störung des Oberflächenspiegels. Man spricht dann, wenn Blasen auftreten, von einer heterogenen Wirbelschichtausbildung (aggregative fluidization, fluidisation hétérogène oder fluidisation aggrégative).

Bei ungenügender Gasverteilung des Tragbodens durchbricht das Gas die Schicht nur in begrenzten Bereichen (channeling, renardage), während die im Windschatten liegenden Teile der Schicht ungewirbelt bleiben.

In Abb. 1 sind nun verschiedene Phasen einer ruhigen Durchwirbelung eines feinen Pulvers mit geringer Blasenbildung dargestellt. Wenn man das Wirbelgefäß anstößt, so schwankt der Inhalt wie eine Flüssigkeit hin und her. Man kann aus der Wirbelschicht durch einen Auslauf oder einen Überlauf Material abziehen. Zugeführtes Gut wird vom Wirbelgut aufgenommen und rasch eingemischt.

Sehr verschieden davon ist das Bild, welches vor allem grobe Teilchen beim Wirbeln zeigen, oder die in engen Wirbelkammern bei hohen Gas-

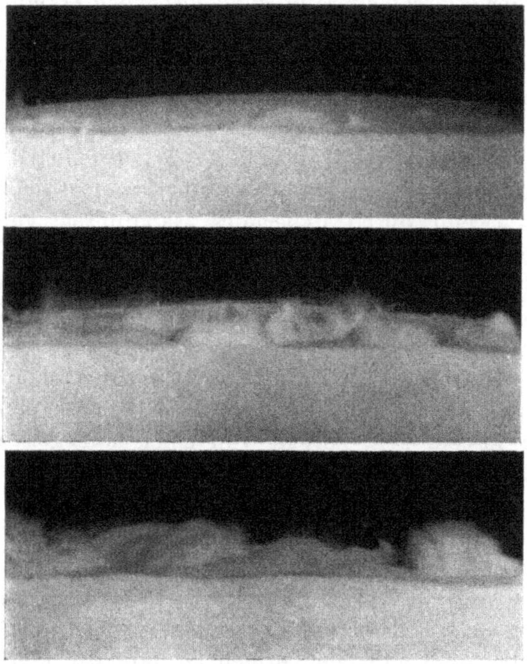

Abb. 1. Oberfläche von Aluminiumoxydhydrat-Teilchen (0,03 bis 0,12 mm), welche mit Luft aufgewirbelt wurden. Die Aufnahmen wurden in einem halbzylindrischen Schacht, dessen Stirnwand durch eine Glasplatte abgedeckt wurde, mit 1/250 sek Belichtungszeit gemacht. Die Gasgeschwindigkeit nimmt in den 3 Teilbildern von oben nach unten zu. Als Boden wurde eine 10 mm starke keramische Filterplatte benutzt

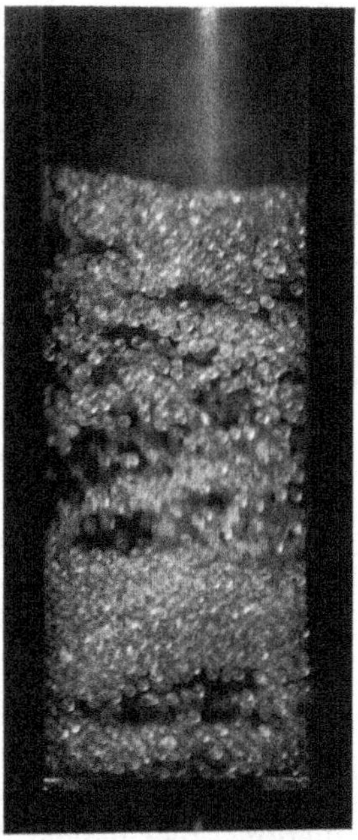

Abb. 2. Starke Blasenbildung beim Wirbeln von 5-mm-Glaskugeln in einem halbzylindrischen Schacht von 100 mm Durchmesser mit Luft. Die Belichtungszeit betrug 1/500 sek

geschwindigkeiten auftreten. Die Abb. 2 möge dafür als Beispiel dienen. Hier treten Blasen auf, welche bereits den ganzen Schachtquerschnitt ausfüllen. Das Haufwerk wird durch sie in einzelne Abschnitte zerteilt, welche in Form von Stoßsendungen hochsteigen (slugging, boullonage oder pistonage). Es handelt sich hier um einen instabilen Übergangszustand zur pneumatischen Förderung.

Die verschiedenen Wirbelzustände prägen sich recht deutlich aus, wenn man den Druckverlust des Trägermediums mit einem einfachen U-Rohr-Manometer mißt. Bei homogenen Wirbelschichten bleibt das Manometer ruhig. Der Druckverlust ist über ein großes Gebiet der Gasgeschwindigkeit, vom Einsatz der Wirbelbewegung beginnend, konstant. Zieht man den entsprechenden Leerlaufsdruckverlust ab, so ist der

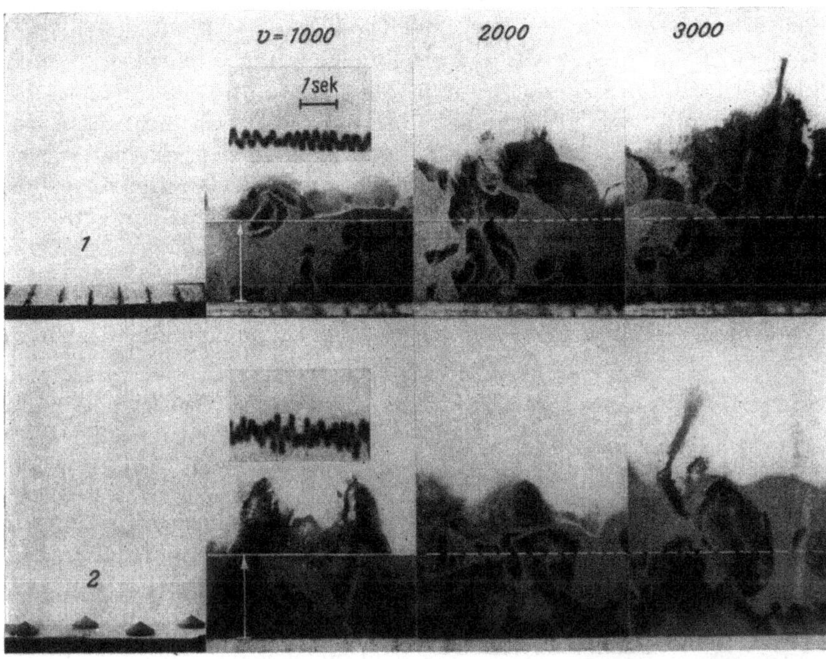

a

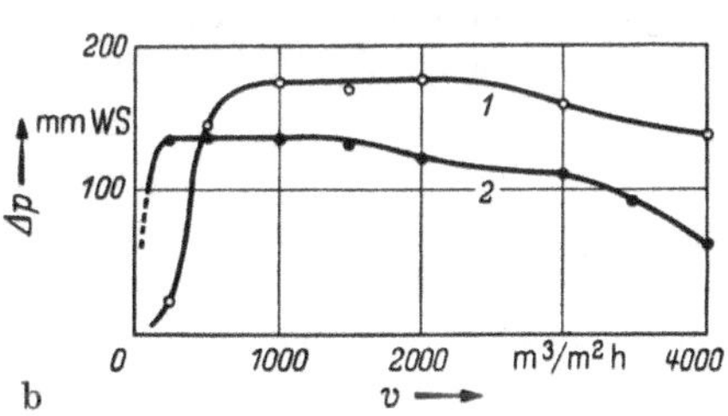

b

Abb. 3a u. b. Durchwirbelung von einer Sandschicht mit Luft auf verschiedenen Tragrosten und bei verschiedenen Geschwindigkeiten. Beispiel für eine sehr blasige, ungleichmäßig angeströmte Wirbelschicht. Für $v = 1000\ m^3/m^2 \cdot h$ sind die resultierenden Druckschwankungen mit abgebildet

Im Teil b) ist die Geschwindigkeitsabhängigkeit des Druckverlustes in der Schicht graphisch dargestellt

resultierende Wert ziemlich genau gleich dem Gewicht der Schicht, bezogen auf die Flächeneinheit (Parent, Yagol u. Steiner [1] sowie Wilhelm u. Kwauk [2]). Beim Auftreten von Gasblasen, also stets beim Wirbeln grober Teilchen, ist diese Beziehung zwar auch noch erfüllt, doch führt das Manometer Schwankungen aus. Ist der Mittelwert des Druckes wesentlich geringer, als dem Schichtgewicht entspricht, so ist dies ein Zeichen, daß Teile der Schicht auf der Unterlage ruhen, daß also die Gasverteilung unregelmäßig ist.

Als Beispiel für diese Zuordnung des Druckverlustes zur Ausbildung der wirbelnden Schicht möge die Abb. 3a dienen. Hier wurde Sand von 0,5–1 mm Korngröße auf zwei verschiedenen gasdurchlässigen Unterlagen zum Wirbeln gebracht. Es wurde einmal ein Stabrost mit 5% freiem Querschnitt, das andere Mal eine Lochplatte mit 1% freiem Querschnitt benutzt. Bei der Lochplatte waren die Öffnungen durch Kappen, die in einigem Abstand angebracht waren, verschlossen, so daß im Stillstand der Sand nicht durchfallen konnte. In beiden Fällen resultiert eine mit vielen Hohlräumen durchsetzte Wirbelschicht. Selbst ein stark gedämpftes Röhrenfedermanometer führte noch heftige Schwingungen aus, welche über einen Lichtpunktlinienschreiber aufgezeichnet wurden. Man sieht aus der Frequenz und Amplitude, daß die Lochplatte unruhiger arbeitet.

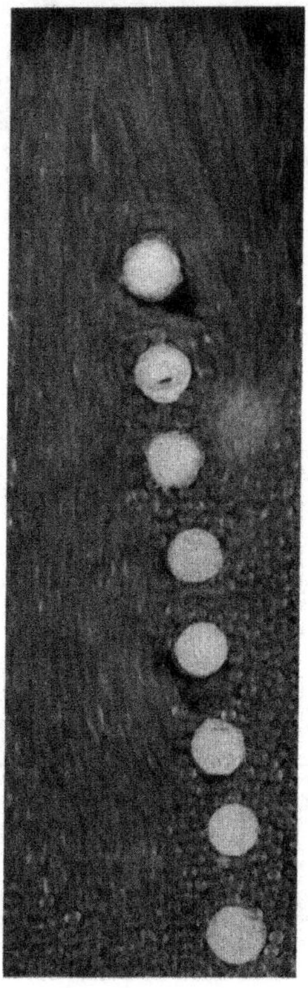

Abb. 4. Beeinflussung einer Wirbelschicht durch Einbau eines schrägen Rohrgitters

Die Höhe der Sandschicht vor Erreichen des Wirbelzustandes war 180 mm, und ihr Schüttgewicht betrug 1100 kg/m^3. Demgemäß hätte die Wirbelbewegung bei einem Druck von 198 mm H_2O (= 198 kg/m^2) stattfinden sollen. In Wirklichkeit ergaben sich aber nach Abzug des Leerlaufdruckverlustes, wie in Abb. 3b dargestellt, beträchtlich unter diesem Wert liegende Druckkurven. Es ist also eine Kanalbildung aufgetreten. Durch die geringere freie Oberfläche gab die Lochplatte stärkere Kanalbildung als der Rost. Aus dem Bereich der gasdurchströmten Kanäle wurde der Sand weggeblasen und nur ein dem geringeren Druck entsprechender Teil durchwirbelt. In diesen Teilchen war auch die effektive Gasgeschwindigkeit hoch, so daß die Wirbelbewegung durch die starke Abschattung bei einer geringeren, auf den Gesamtquerschnitt bezogenen Geschwindigkeit eingesetzt hat.

Auch durch Einbauten in die Wirbelschicht kann unter Umständen eine so große Windschattenwirkung auftreten, daß die Durchwirbelung innerhalb großer Bezirke erlischt. Dies ist in Abb. 4 dargestellt. Hier ist in eine Wirbelschicht ein schräges Rohrgitter eingebaut. Die Rohre verlaufen senkrecht zur Bildfläche. In dem abgeschirmten Bereich rieseln die Teilchen ungewirbelt nach unten, werden dann aber von der Wirbelbewegung wieder erfaßt und hochgeführt, wodurch eine Zirkulation auftritt.

Die oben erwähnte Methode, die Laufruhe und den Charakter der Wirbelbewegung aus den Schwingungen eines Manometers abzulesen, ist von SHUSTER und KISLIAK [3] näher studiert worden. Es wurde ein empfindliches Membranmanometer, mit Dehnungsmeßstreifen kombiniert, eingesetzt. Aus den Manometerausschlägen ergab sich eine Gütezahl für die Durchwirbelung aus dem Verhältnis der mittleren Druckabweichungen zur Frequenz der Ausschläge. Die Abhängigkeit der Gütezahl von der Teilchengröße war allerdings bei Glaskugeln im Bereich von 0,3–0,7 mm Durchmesser nur gering. Die Wirbelschichten waren am ruhigsten, wenn die Schichthöhe etwas geringer als der Rohrdurchmesser war. Mit steigender Gasgeschwindigkeit nahmen zunächst die Schwankungen stark zu, fielen aber bei hoher Geschwindigkeit wieder ab.

Ähnliche Messungen wurden auch von MORSE und BALLOU [4] durchgeführt. An Stelle des Druckes wurden die Schwankungen der Teilchenkonzentration, beziehungsweise des Hohlraumanteils, mit Hilfe eines Kondensatorsystems, welches in die Wirbelschicht eingeführt wurde, über die Veränderung der Kapazität registriert.

Wie schon erwähnt, wird bei genügend hoher Geschwindigkeit des Trägermediums das Wirbelgut nach oben weggetragen, und ohne besondere Maßnahmen würde die Wirbelkammer nach kurzer Zeit leer werden. Führt man aber kontinuierlich Teilchen nach, so erhält man aufsteigende Suspensionen.

Bei genügend starker Einspeisung treten am Wirbelgut auch abwärtsgerichtete Bewegungen auf, und man erhält eine ähnliche Wirbelbewegung wie bei der dichten Wirbelschicht. Die Ausbildung einer solchen Suspension zeigt die Abb. 5. Die Resultierende aller Bewegungskomponenten ist aber nach oben gerichtet, so daß der Festkörper dauernd mit dem Gas ausgetragen wird und der Zustand eben nur durch dauernde Nachführung stationär wird.

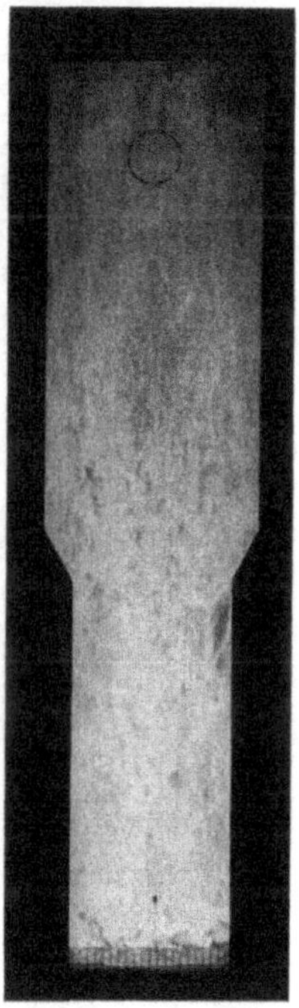

Abb. 5. Wirbelnde Flugstaubwolke. Der in unterbrochener Linie gezeichnete Kreis deutet den Ort der Gasaustrittsöffnung an

Die Feststoffzufuhr kann zum Beispiel durch die Rückführung des Ausgetragenen erfolgen. Ein solches System kann dann zirkulierende Wirbelschicht genannt werden. Die Rückführung gelingt manchmal schon durch eine starke Erweiterung am oberen Teil des Schachtes, sicherer und mit geringerem Platzbedarf aber durch einen Rückführzyklon. Im Falle der Abb. 5 wurde die Hauptmenge durch einen (nicht dargestellten) Rückführzyklon erfaßt, doch ist auch zu sehen, wie ein Teil schon an den schrägen Wänden unterhalb der relativ geringen Erweiterung des Schachtes zurückrieselt.

Bis jetzt wurde stets von festem Wirbelgut gesprochen, welches von Gasen oder Flüssigkeiten angehoben wurde. Es ist aber auch möglich, flüssige Partikel mit Gasen in eine Form zu bringen, welche einer Festkörperwirbel-

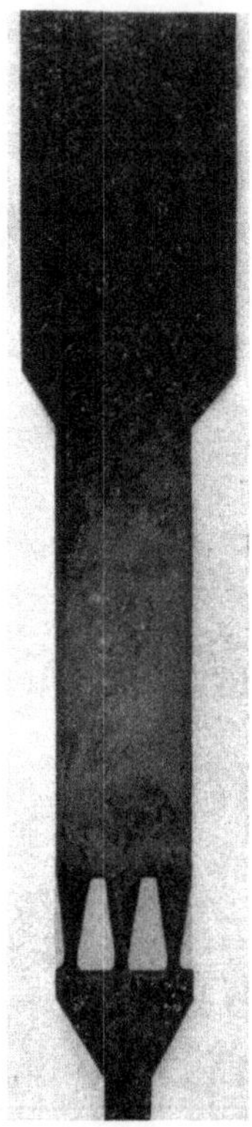

Abb. 6. Gas-Flüssigkeits-Wirbelschicht. Der Boden besteht aus einer Lochplatte mit nach oben erweiterten Öffnungen, welche im Querschnitt zu sehen sind

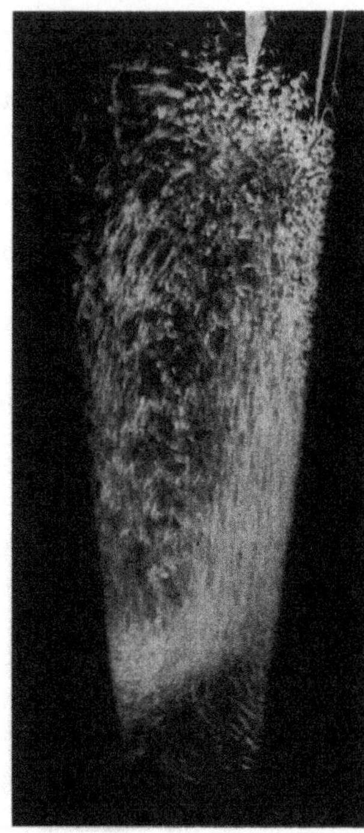

Abb. 7. Ausbildung einer Wirbelschicht über einer Stopfzone in einem konischen Behälter

schicht sehr ähnlich ist. Verwendet man eine engporige Grundplatte, so ergibt sich lediglich eine Suspension von aufsteigenden Gasblasen in der Flüssigkeit. Wählt man aber einen Rost mit großem freien Querschnitt, so zerreißt die Flüssigkeit in einzelne diskrete Partikel, welche sich im Gas verteilen. Ein gewisser Rostdurchfall ist hierbei allerdings meist nicht zu vermeiden. Die Abb. 6 zeigt eine derartige Gas-Flüssigkeits-Wirbelschicht.

Neben den klassischen Methoden zur Ausbildung einer Wirbelschicht in einem zylindrischen Schacht von gleichmäßigem Querschnitt, welcher unten mit einem Tragboden abgeschlossen ist, gibt es noch andere Möglichkeiten. Es gelingt z.B., auch wirbelnde Suspensionen in einem sich nach oben erweiternden Raum stationär aufrechtzuerhalten, wobei man auf den Tragboden verzichten kann. Ein solcher Vorgang ist in der Abb. 7 dargestellt. Im unteren Teil einer solchen diffusorartigen Wirbelkammer tritt dauernd ein Stopfvorgang auf, wobei der hochgetriebene Feststoffpfropfen infolge des zunehmenden Querschnitts bald zerfällt. Das Wirbelgut schießt, entsprechend dem im unteren Teil erhaltenen Impuls, noch eine Strecke weit nach oben. Sobald dieser Vorgang abgeklungen ist, kehren die Teilchen um und geraten wieder in die Zone hoher Geschwindigkeit, wodurch eine Zirkulation erfolgt. Der Öffnungswinkel solcher Wirbelkammern darf nicht zu groß werden, denn sonst wird nur ein Kern wie ein Springbrunnen hochgewirbelt. Ist der Winkel zu klein, so wird die Anordnung hinsichtlich der Veränderung der Gasgeschwindigkeit außerordentlich empfindlich. Sehr leicht bricht die Schicht nicht mehr auf, und man gerät in das Gebiet der Stoßsendungen.

Während Wirbelschichten in Wirbelkammern mit konstantem Querschnitt sich unabhängig von der Größe des Gefäßes stets bei derselben Gasgeschwindigkeit ausbilden, muß bei den freischwebenden Schichten die Trägergasgeschwindigkeit der Apparatedimension angepaßt werden. Größere Apparate benötigen höhere Geschwindigkeiten.

2. Anwendung der Strömungslehre auf Wirbelsuspensionen

2.1 Druckabfall in durchströmten Schüttungen, Bestimmung der Lockerungsgeschwindigkeit

Die Gleichwertigkeit von Druckabfall in der Wirbelschicht und dem Gewicht der anzuhebenden Teilchen gibt die Möglichkeit, die Geschwindigkeit für den Lockerungspunkt zu berechnen. Betrachtet man zunächst eine durchströmte, aber noch ruhende Schüttung, so wird mit wachsender Geschwindigkeit der Druckverlust ansteigen. Bei jener Geschwindigkeit, bei welcher der Druckabfall dem Schichtgewicht entspricht, beginnt dann das Gebiet der Wirbelschicht.

Die Berechnung des Druckverlustes in Schüttungen ist ein sehr altes Problem, aber erst durch Arbeiten der letzten 35 Jahre ist es gelungen, eine brauchbare Formel zu finden. Diese läßt sich in verschiedener Schreibweise darstellen. Nach ERGUN [5] ergibt sich

$$\frac{\Delta p}{H} = \psi \frac{\varrho v^2}{d_K} \frac{1-\varepsilon}{\varepsilon^3}\,. \tag{1}$$

Hierin bedeuten $\Delta p/H$ den auf die Einheit der Schichthöhe H bezogenen Druckverlust[1], ϱ die Dichte und v die auf den frei gedachten Querschnitt bezogene Geschwindigkeit des strömenden Mediums. Das Verhältnis von Porenvolumen zum Gesamtvolumen der Schüttung ist die Porosität ε. Die für den Teilchendurchmesser einzusetzende Größe d_K ergibt sich aus folgender Definitionsgleichung:

$$d_K = 6\,\frac{\text{Teilchenvolumen}}{\text{Teilchenoberfläche}} = \frac{6}{F_v}, \qquad (2)$$

$(F_v =$ spezifische Oberfläche$)$.

Für eine Kugelschüttung wird d_K mit dem Kugeldurchmesser identisch. Für unregelmäßig geformte Teilchen stellt d_K den Durchmesser jener Kugel dar, welche dasselbe Verhältnis von Oberfläche zu Volumen, also dieselbe spezifische Oberfläche wie das Teilchen, besitzt.

Die Zahl ψ ist die Widerstandszahl, sie wird auch Widerstandsbeiwert oder Widerstands- oder Reibungsfaktor genannt. Ihre Größe ergibt sich aus Versuchen, und die in der Literatur angeführten Zahlenwerte schwanken etwas. ERGUN hat zahlreiche Messungen ausgewertet und findet:

$$\psi = 150\,\frac{1-\varepsilon}{Re} + 1{,}75\,. \qquad (3)$$

Re ist die REYNOLDSsche Zahl. Für den vorliegenden Fall wählt man $Re = v d_K \varrho/\eta$ (η = dynamische Zähigkeit, $\eta/\varrho = \nu$, kinematische Zähigkeit). Man erkennt, daß bei geringen Werten von Re der erste Term überwiegt, bei sehr großen Werten fällt nur der zweite ins Gewicht. Die beiden Grenzfälle entsprechen dem laminaren und dem turbulenten Strömungsbereich. Sie gehen über ein teilturbulentes Gebiet, welches zwischen Werten der REYNOLDSschen Zahl von 10 und 100 liegt ineinander über. Für den Grenzfall kleiner REYNOLDSschen Zahlen, also für das laminare Gebiet erhält man:

$$\frac{\Delta p}{H} = 150\,\frac{\eta v}{d_K^2}\,\frac{(1-\varepsilon)^2}{\varepsilon^3}\,. \qquad (4)$$

Dies ist die sogenannte CARMAN-KOZENY-Gleichung [*6*], welche sich aus dem POISEUILLEschen Gesetz herleiten läßt. In verallgemeinerter Form, das heißt, auch für Kapillaren oder Rohre mit nicht kreisförmigem Querschnitt geltend, lautet dieses:

$$v_e = \frac{r_h^2}{k\eta}\,\frac{\Delta p}{l}\,. \qquad (5)$$

---

[1] Der Druckverlust ergibt sich im physikalischen Maßsystem, für welches Gl. (1) gilt, in Mikrobar (dyn/cm^2), wenn die übrigen Größen in Zentimeter-Gramm-Sekunden-Einheiten eingesetzt werden. Im technischen Meßsystem ist an Stelle der Dichte ϱ der Ausdruck γ/g (γ = Wichte, g = Erdbeschleunigung) zu setzen. Man erhält den Druckverlust in kg/m^2 (= mm Wassersäule), wenn die übrigen Größen in Meter-Kilogramm-(Gew.)-Sekunden-Einheiten eingesetzt werden.

Der hydraulische Radius r_h ist das Verhältnis der Querschnittsfläche zum befeuchteten Umfang, v_e ist zum Unterschied gegen die vorhin benutzte Leerraumgeschwindigkeit die effektive Geschwindigkeit in der Kapillare, l ist die Länge der Kapillare und k eine Konstante. Bei Rohren mit kreisförmigem Querschnitt ist r_h gleich einem Viertel des Durchmessers.

Man kann den hydraulischen Radius für eine solche Kapillare auch als Verhältnis des von der Strömung eingenommenen Volumens zur benetzten Oberfläche definieren. Überträgt man dies auf eine Schüttung, deren Hohlräume man sich zu einer Gruppe paralleler Kapillaren angeordnet denkt und welche je Volumeneinheit (unter Einrechnung der Hohlräume) eine innere Oberfläche der Größe F besitzt, so ergibt sich

$$r_h = \frac{\varepsilon}{F}. \tag{6}$$

Die innere Oberfläche F der Schüttung läßt sich nun durch die spezifische Oberfläche F_v, also der Oberfläche der Volumeneinheit des Festkörpers und dem Festkörperteil, gemäß

$$F = (1 - \varepsilon) F_v \tag{7}$$

darstellen.

Mit Gl. (2) ergibt sich dann

$$r_h = d_K \frac{\varepsilon}{6(1 - \varepsilon)}. \tag{8}$$

Nun ist

$$v_e = \frac{v}{\varepsilon} \frac{l}{H}, \tag{9}$$

wobei l/H die Gewundenheit des Strömungsweges beschreibt.

Setzt man die beiden Ausdrücke für r_h und v_e in Gl. (5) ein, so ergibt sich

$$v = \frac{1}{36} \frac{d_K^2}{\eta} \frac{\varepsilon^3}{(1 - \varepsilon)^2} \frac{H^2}{k l^2} \frac{\Delta p}{H}. \tag{10}$$

Gl. (10) ist bis auf den Zahlenfaktor identisch mit Gl. (4). Die Konstante k hat den Wert von 2,5 (bei einzelnen Rohren findet man bei kreisförmigem Querschnitt $k = 2$, bei einem parallelen Schlitz gilt $k = 3$). Das Verhältnis l/H liegt bei $\sqrt{2}$. Dies führt auf einen Wert von 180 an Stelle 150 für den Zahlenfaktor der Gl. (4).

Nun soll der Druckabfall in der Wirbelschicht gleich dem Gewicht der Schicht, bezogen auf die Flächeneinheit sein, d.h., es gilt:

$$\Delta p = (1 - \varepsilon)(\varrho_f - \varrho) g H. \tag{11}$$

Hierin bedeutet ϱ_f die Dichte des Festkörpers, und ϱ ist, wie bereits erwähnt, die Dichte des strömenden Mediums. Die letztere beschreibt den Auftrieb. Durch Einsetzen von Gl. (4) in (11) erhält man für die Lockerungsgeschwindigkeit v_L,

$$v_L = \frac{1}{150} \frac{d_K^2 (\varrho_f - \varrho) g}{\eta} \frac{\varepsilon_L^3}{(1 - \varepsilon_L)}, \tag{12}$$

(ε_L = Hohlraumanteil am Lockerungspunkt).

Dieser Ausdruck ist zuerst von LEVA [7] abgeleitet worden, wobei LEVA nach eigenen Versuchen an Stelle von 1/150 für die Konstante den Wert von 1/200 verwendet. Die Gültigkeit der Gleichung ist auf das laminare Strömungsgebiet beschränkt, d.h., auf Werte von $Re < 10$. Bei Luft von Raumtemperatur als Trägergas werden Teilchen bis zu etwa 0,5 mm Durchmesser noch streng erfaßt.

Bei größeren Teilchen, oder wenn sonst die Bedingungen für das Auftreten höherer Re-Werte eintreten, hat man dann mit der allgemeineren Gl. (1) zu rechnen und diese unter Zuhilfenahme von Gl. (3) in Gl. (11) einzusetzen.

Die Gleichung von LEVA ist öfters nachgeprüft worden, zum Beispiel von VAN HEERDEN, NOBEL und VAN KREVELEN [8], welche Siliziumkarbid-, Eisenoxyd- und Koksteilchen zwischen 0,08 und 0,650 mm Durchmesser untersuchten. Abb. 8 zeigt einige mit verschiedenen

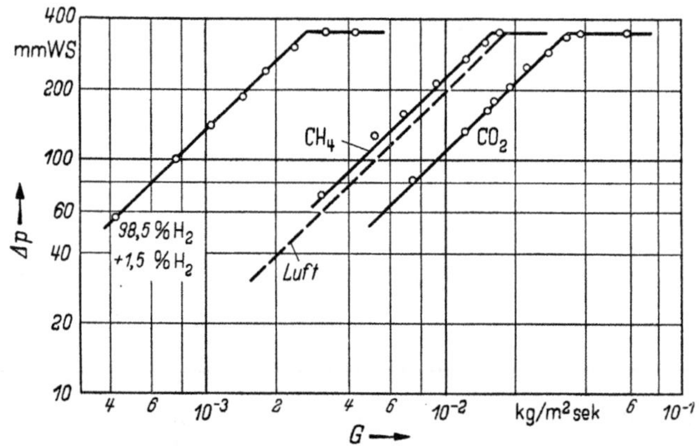

Abb. 8. Druckverlust-Geschwindigkeits-Diagramm für den Übergang einer Schüttung aus Siliziumkarbidteilchen mit einer Teilchengröße von 0,075–0,11 mm in die Wirbelschicht für verschiedene Trägergase (nach VAN HEERDEN und Mitarbeitern [8])

Trägergasen erhaltene Druckverlust-Geschwindigkeits-Linien. Die Autoren folgen dem amerikanischen Brauch und benutzen die Massengeschwindigkeit $G = v\varrho$. Die kinematische Zähigkeit ($\nu = \eta/\varrho$) von Kohlensäure liegt um mehr als eine Größenordnung höher als die des etwas stickstoffhaltigen Wasserstoffs. Dementsprechend ist auch eine entsprechende Erhöhung der Lockerungsgeschwindigkeit eingetreten, genau wie es Gl. (12) verlangt.

Die Schwierigkeiten bei der Anwendung der CARMAN-KOZENY-Gleichung liegen meist in der Bestimmung von d_K. In der Praxis hat man es mit unregelmäßigen Teilchen zu tun, deren Größen oft noch in größeren Intervallen schwanken. Liegt die Korngröße innerhalb einer engeren Siebfraktion, nimmt man als Durchmesser das arithmetische Mittel aus den Sieböffnungen. Läßt sich das Teilchengrößenspektrum in mehrere Fraktionen zerlegen, welche den Anteil x_i und den Durchmesser d_i ergeben, so ermittelt man den mittleren Durchmesser gemäß

$$d = 1/\Sigma \frac{x_i}{d_i}. \tag{13}$$

Die Durchmesser d_i der einzelnen Fraktionen ergeben sich wieder aus dem arithmetischen Mittel derjenigen Sieböffnungen, die die jeweiligen Fraktionen aus dem Gemisch ausschneiden.

Falls es sich um kompliziert geformte, nicht kugelförmige Teilchen handelt, so muß der Durchmesser d_i noch mit einem Formfaktor $1/\lambda\,(<1)$ multipliziert werden. Man hat also zu setzen:

$$d_K = 1/\Sigma \frac{x_i \lambda}{d_i}. \tag{13a}$$

Der Formfaktor wird, falls die Teilchen nicht leicht definierbare geometrische Formen besitzen, am einfachsten durch die Messung des Druckverlustes der Schüttung über Gl. (4) bestimmt. Es ergeben sich für durch Zerkleinern hergestellte Körner λ-Werte von 1,3 bis 1,5. Poröse Teilchen, wie zum Beispiel Kokskörner, zeigen aber bedeutend höhere Formfaktoren.

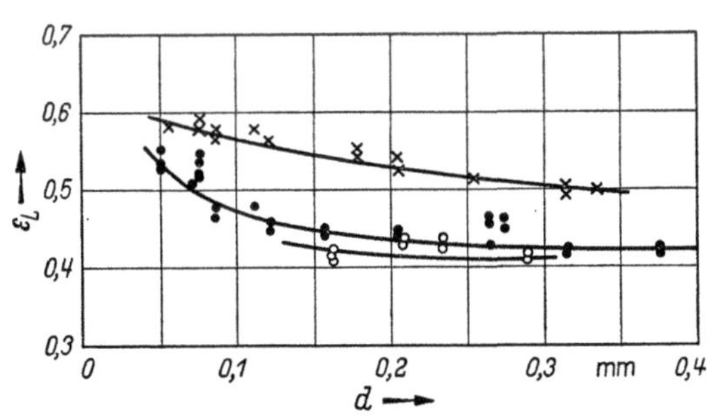

Abb. 9. Porosität am Lockerungspunkt in Abhängigkeit von der Korngröße für verschiedene Wirbelgüter (nach LEVA [7]). Die Punkte bezeichnen abgerundeten Sand mit einheitlicher Teilchengröße, die Kreise Mischungen verschiedener Teilchengrößen desselben Materials, Kreuze gleichmäßigen kantigen Sand

Der Hohlraumanteil läßt sich aus der Dichte des Festkörpers und dem Litergewicht der Schüttung berechnen. Er ist davon abhängig, wie die Teilchen eingefüllt werden. Die Geschwindigkeit, bei welcher die Wirbelung beginnt, kann daher je nach der Fülldichte etwas differieren. Man erhält aber reproduzierbare Werte, wenn man die Schicht zunächst einmal aufwirbelt und dann die Trägergasgeschwindigkeit verringert. Dann nimmt das Haufwerk die lockerste noch stabile Lage mit maximalem Porenvolumen ein. Für Kugeln ergibt sich $\varepsilon_L = 0{,}406$

(VAN HEERDEN und Mitarbeiter [8]). Für abgerundeten und scharfkantigen Sand ist ε_L in Abhängigkeit von der Teilchengröße in Abb. 9 dargestellt.

GUIYER und Mitarbeiter [9] haben festgestellt, daß in Gl. (12) der Ausdruck $\varepsilon_L^3/(1-\varepsilon_L)\lambda^2$ für viele Schüttungen sich nur wenig verändert. Dies ermöglicht es, ein einfaches Nomogramm für die Lockerungsgeschwindigkeit aufzustellen, welches in Abb. 10 wiedergegeben ist. In Anbetracht der Vernachlässigungen kann man dieses bis zu einer REYNOLDSschen Zahl von ungefähr zehn benutzen. Als Konstante der zugrunde liegenden Gl. (12) haben die Autoren den Wert von 1/200 gewählt.

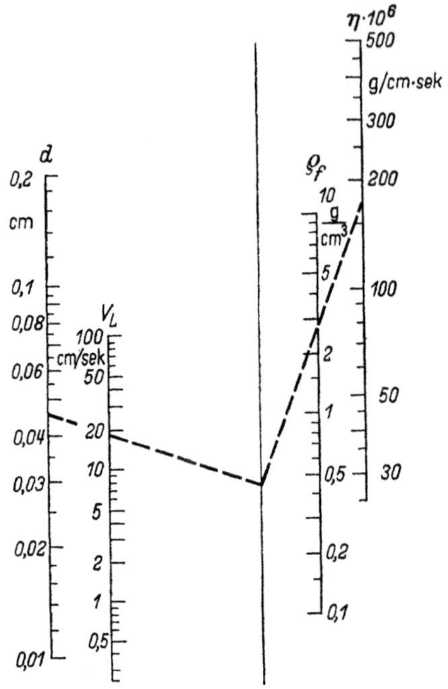

Abb. 10. Nomogramm zur Bestimmung der Lockerungsgeschwindigkeit (nach GUIYER und Mitarbeitern [9])

Zum Abschluß sei die Abhängigkeit des Druckverlustes von der Gasgeschwindigkeit vor und nach dem Erreichen des Lockerungspunktes noch einmal, aber mehr ins Einzelne gehend, für eine Schicht aus Kohleteilchen nach Messungen von JOLLEY und STANTON [10] diskutiert. Die Kohleteilchen hatten einen Durchmesser von 0,42 bis 0,80 mm und wurden mit Luft aufgewirbelt.

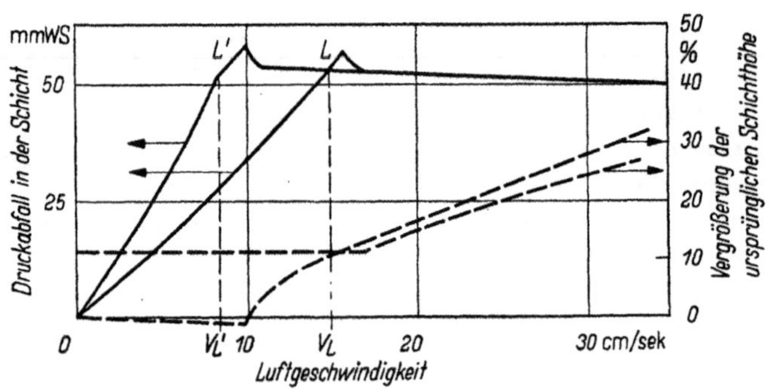

Abb. 11. Druckabfall und Schichtausdehnung für Kohleteilchen von 0,42–0,8 mm Durchmesser in Abhängigkeit von der Luftgeschwindigkeit. Die Linie mit dem steileren Druckanstieg beschreibt die eingerüttelte Schüttung, während die flachere Druckverlustlinie die bereits aufgewirbelte und wieder absitzen gelassene Schicht darstellt

Abb. 11 zeigt den Druckverlauf und die Schichthöhe zunächst für eine dichte, durch Beklopfen der Rohrwand eingerüttelte Schüttung. Die Druckverlustkurve geht nicht unmittelbar in den annähernd waagerechten Verlauf für die Wirbelschichtkennlinie über, sondern sie steigt noch etwas, um dann wieder abzufallen. Nach Abstellen und Wiederanfahren mit der nun resultierenden lockeren Schüttung ergibt sich ein flacherer Verlauf.

Die beiden Lockerungspunkte L' und L sowie die resultierenden Lockerungsgeschwindigkeiten v'_L und v_L erhält man durch Extrapolation des Schnittpunktes zwischen der Druckverlustkurve der Schüttung und der Wirbelschicht.

2.2 Die Schwebegeschwindigkeit und das Geschwindigkeitsintervall, in dem eine stationäre Wirbelschicht möglich ist

Bei der Lockerungsgeschwindigkeit übt das strömende Medium auf die in einem Haufwerk vorliegenden Teilchen solche Reibungskräfte aus, daß sie der Teilchenschwere gerade die Waage halten.

Die Schwebegeschwindigkeit ist nun jene Strömungsgeschwindigkeit, bei der die vom Trägermedium auf ein isoliertes Teilchen ausgeübten Kräfte das Gewicht des Teilchens gerade kompensieren und es in Schwebe halten.

Wäre die für den Druckverlust in einer Schüttung im vorigen Abschnitt abgeleitete Gleichung ideal richtig, so müßte sich, etwa aus Gl. (1) oder (4), für $\varepsilon \to 1$ der Widerstand eines einzelnen Teilchens ergeben. Doch geht der Porositätsterm hierbei gegen Null, und es ist notwendig, für vereinzelte Teilchen einen neuen Ansatz zu machen. Dieser ist der Gl. (1) formal ähnlich und lautet, wenn W der Widerstand des Körpers, also die auf ihn von der Strömung ausgeübte Kraft[1] bedeutet

$$W = C \frac{\varrho v^2}{2} F, \tag{14}$$

(F = Querschnittsfläche senkrecht zur Strömungsrichtung).

Die Widerstandszahl C ist wieder eine Funktion der REYNOLDSschen Zahl, und ihr Verlauf ist dem der Widerstandszahl von Schüttungen sehr ähnlich. Sie ist von der Form des angeströmten Körpers abhängig.

Für eine Kugel vom Durchmesser d gilt bei gleichgerichteter Strömung [*11*]:

$Re = \frac{v\,d}{\nu} =$	0,1	1	10	10^2	10^3	10^4	10^5	10^6
$C =$	245	28	4,4	1,1	0,46	0,42	0,49	0,14 .

[1] Wie Gl. (1) ist auch Gl. (14) im physikalischen Maßsystem angegeben.

Um die Schwebegeschwindigkeit v_S zu finden, hat man den durch die Strömung hervorgerufenen Widerstand dem Gewicht des Teilchens unter Berücksichtigung des Auftriebs gleichzusetzen. Für ein kugelförmiges Partikel $\left(\text{Querschnittsfläche } d^2\frac{\pi}{4}\right)$ erhält man

$$v_S = \sqrt{\frac{4}{3}\, g\, d\, \frac{\varrho_f - \varrho}{\varrho}\, \frac{1}{C}}\,. \tag{15}$$

Die Schwebegeschwindigkeit ist zugleich auch die Fallgeschwindigkeit, welche ein losgelassenes Teilchen im ruhenden Medium annimmt.

In Abb. 12 sind die Schwebegeschwindigkeiten für Kugeln der Dichte $\varrho_f = 2{,}8$ g/cm³ in strömender Luft von 20 °C, in Abhängigkeit vom Durchmesser, dargestellt. Die stark ausgezogene Kurve ist vermittels der in der Tabelle angegebenen C-Werte berechnet worden.

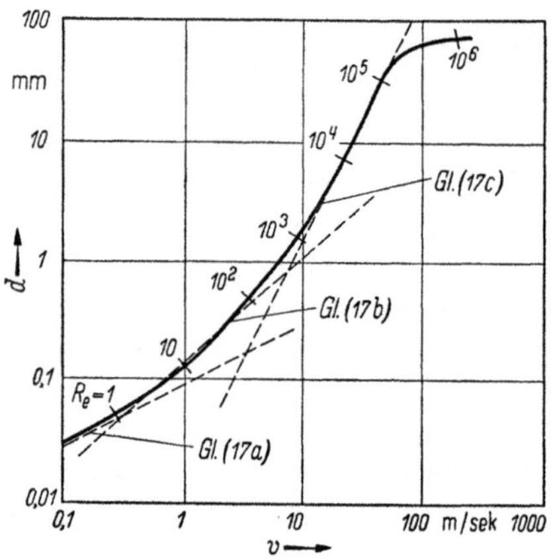

Abb. 12. Schwebegeschwindigkeit oder Fallgeschwindigkeit in ruhender Luft von Quarzkugeln ($\varrho_f = 2{,}8$ g/cm³) in Abhängigkeit vom Durchmesser. Die unterbrochenen Linien ergeben sich aus den Näherungsgleichungen

Da die tabellarische Darstellung von C oft unbequem ist, hat man Näherungsformeln aufgestellt. Zunächst gilt für $Re < 1$:

$$C = \frac{24}{Re}\,. \tag{16}$$

Damit erhält man für den Widerstand einer Kugel im laminaren Strömungsgebiet:

$$W = 3\, d\, \pi\, \eta\, v\,,$$

das bekannte Stokessche Gesetz.

Durch Vergleich mit der Tabelle für C erkennt man, daß bei Reynolds-Zahlen bis etwa 1 die Abweichungen der berechneten C-Werte noch erträglich, darüber aber beträchtlich werden.

Genauer ist dann die Oseensche Gleichung, welche bis $Re = 1$ gültig ist.

$$C = \frac{24}{Re}\left(1 + \frac{3}{16}\, Re\right).$$

Das Gebiet zwischen $2 < Re < 500$ kann man annähernd durch

$$C = 18{,}5\, Re^{-0{,}6}$$

erfassen.

Für $Re < 500$ befindet man sich im turbulenten Gebiet, wo angenähert

$$C = 0{,}44$$

bis zu einer REYNOLDSschen Zahl von etwa 500000 gilt. Der Widerstand folgt hier dem NEWTONschen Gesetz

$$W = 0{,}055\, d^2 \pi v^2 \varrho\,.$$

Setzt man nun die soeben angeführten Ausdrücke für C in die allgemeine Gl. (15) für die Schwebegeschwindigkeit von kugelförmigen Teilchen ein, so ergeben sich, wenn man das STOKESsche Gesetz bis $Re = 2$ akzeptiert, folgende Ausdrücke:

$$Re < 2\,,\ v_S = d^2 (\varrho_f - \varrho) g/18\eta\,, \tag{17a}$$

$$2 < Re < 500\,,\ v_S = 0{,}153\, d^{1,14} (\varrho_f - \varrho)^{0,71} g^{0,71}/\varrho^{0,29} \eta^{0,43}, \tag{17b}$$

$$500 < Re < 10^5,\ v_S = 1{,}74 \sqrt{d(\varrho_f - \varrho) g/\varrho}\,. \tag{17c}$$

Diese Näherungsgleichungen sind in Abb. 12 mit eingezeichnet. Bis auf die Anschlußgebiete bei $Re = 2$ und $Re = 500$ ist die Übereinstimmung recht gut. Übersteigt die Strömungsgeschwindigkeit den Wert von v_S, so wird das Teilchen mit dem Strom weggeführt. Eine stationäre Wirbelschicht, bei der die Teilchen im Apparat verbleiben, ist also nur bei geringerer Geschwindigkeit möglich. Die Kenntnis der Lockerungsgeschwindigkeit und der Schwebegeschwindigkeit für ein einzelnes Teilchen ergibt daher den äußersten Geschwindigkeitsbereich, innerhalb dessen ein bestimmtes Material eine stationäre Wirbelschicht ausbilden kann. Für das laminare Gebiet findet man für kugelförmige Teilchen

$$\frac{v_L}{v_S} = \frac{\text{Gl. (12)}}{\text{Gl. (17a)}} = \frac{18}{150}\,\frac{\varepsilon_L^3}{1-\varepsilon_L}\,,$$

während bei turbulenter Strömung

$$\frac{v_L}{v_S} = \sqrt{\frac{3}{4}\,\frac{0{,}44}{1{,}75}\,\varepsilon_L^3}$$

resultiert. Für eine Schüttung von $\varepsilon_L = 0{,}4$ ergibt sich dann im laminaren Fall ein Geschwindigkeitsbereich von 1:78, welcher für den turbulenten Fall sich bis auf 1:9,1 verringert. Bei größerem Hohlraum am Lockerungspunkt verringert sich das Intervall.

Um die aerodynamische Situation noch etwas anschaulicher zu umreißen, soll die Abb. 13 diskutiert werden. Hier sind die Widerstandsfunktionen für die Schüttung und für isolierte Teilchen über die REYNOLDSschen Zahlen in 2 Teildiagrammen aufgetragen. Für ψ wurde gemäß der durch Gl. (3) gegebenen Abhängigkeit $Re/(1-\varepsilon)$ als Variable gewählt und für ε der Wert 0,4 angenommen. Dadurch ist die Skala des oberen Diagramms gegenüber dem unteren etwas verschoben. Außer dem ERGUNschen Verlauf für ψ ist auch noch die von CARMAN angegebene Widerstandsfunktion, welche, wie schon erwähnt, etwas abweicht, eingetragen. Im unteren Diagramm ist die Widerstandszahl C für Kugeln und Zylinder bzw. Scheiben nach PRANDTL wiedergegeben.

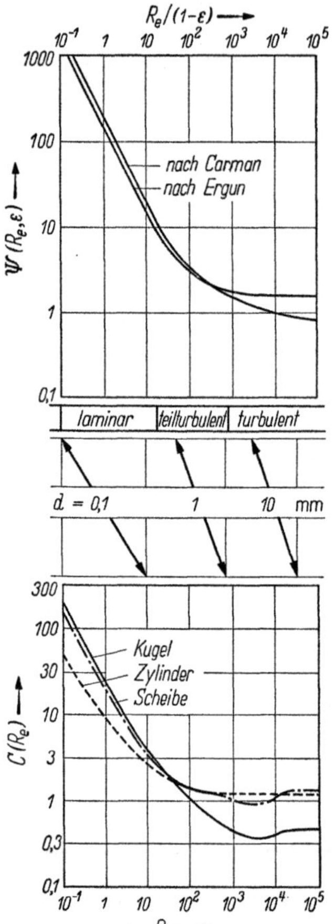

Abb. 13. Widerstandszahlen für Schüttung und Einzelkörper. Zwischen den beiden Diagrammen ist das Existenzgebiet für Wirbelschichten aus Glaskugeln verschiedener Teilchengrößen eingezeichnet

Es ist üblich, drei Abschnitte hervorzuheben. Das laminare Gebiet, welches man bei Schüttungen bis etwa $Re = 10$ ausdehnen kann. Hier hat man einen überwiegenden Zähigkeitseinfluß über Reibungsspannungen. Anschließend folgt ein Übergangsgebiet, auch teilturbulenter Zustand genannt. Hier beginnt der Einfluß der Trägheitskräfte $-\varrho v^2$ über Schubspannungen oder Staudrücke bemerkbar zu werden. Über $Re = 500$ überwiegen diese, und man betritt das turbulente Gebiet.

In dieses System ist nun die Ausdehnung der Wirbelschichtgebiete, also der Bereich zwischen v_L und v_S, für kugelige Teilchen der Dichte 2,8 g/cm³ und Luft von 20 °C, als Trägergas eingezeichnet.

Teilchen mit 0,1 mm bilden eine Wirbelschicht im laminaren Gebiet. Bei einem Durchmesser von 1 mm arbeitet man im Übergang, während man mit Korngrößen von 10 mm bereits das turbulente Gebiet erreicht.

Es ist möglich, kleinere Teilchen als 0,1 mm zu wirbeln, doch ist eine Unterschreitung von 0,01 mm durch die Tendenz zur Agglomeratbildung beschränkt. Diese läßt sich, wie REED und FENSKE [*12*] gezeigt haben, durch schwingende Einbauten in die Wirbelschicht vermeiden.

Die obere Grenze für die Teilchengröße des Wirbelgutes dürfte bei 10 mm gegeben sein. Hier beträgt v_0 bereits etwa 3 m/sek. Um eine gute Durchwirbelung zu erzielen, muß man mindestens den drei- bis vierfachen Wert anwenden. Da man im allgemeinen Rohrleitungen für eine Gasgeschwindigkeit von 10 bis 15 m/sek auslegt, ist also der Reaktionsapparat hier bereits auf den Durchmesser der Rohrleitungen zusammengeschrumpft.

2.3 Die Ausdehnung einer Wirbelschicht in Abhängigkeit von der Gasgeschwindigkeit

Die Ausdehnung einer Wirbelschicht kann man durch das Verhältnis der jeweiligen Schichthöhe zur Höhe H_L der noch ruhenden gelockerten Schüttung beschreiben. Der Zusammenhang mit der über die Schicht als gleichmäßig angenommenen Porosität ergibt sich gemäß

$$\frac{H}{H_L} = \frac{1 - \varepsilon_L}{1 - \varepsilon}. \tag{18}$$

In vielen Fällen, vor allem bei höheren Gasgeschwindigkeiten und einem größeren Korngrößenbereich in der Wirbelschicht, ist allerdings H schwer zu bestimmen. Die Grenzfläche schwingt hin und her und wird durch hochgeschleuderte Teilchen unscharf, und eine visuelle Bestimmung wird kaum möglich. Man kann über die Höhe der Wirbelschicht Druckmeßstellen anbringen und in einem p–H-Diagramm durch Extrapolation auf den Wert des im Gasraum herrschenden Druckes eine Angabe für die Schichthöhe erhalten. Da aber oft die obersten Teile einer Wirbelschicht eine geringere Dichte besitzen, so wird die Extrapolation zweifelhaft. In Abb. 14 sind die Verhältnisse schematisch dargestellt. Die wohl eindrucksvollste Beschreibung erhält man, wenn über die ganze Wirbelschicht die Porosität gemessen wird. Hierzu eignet sich die Kapazitätsmethode mit möglichst

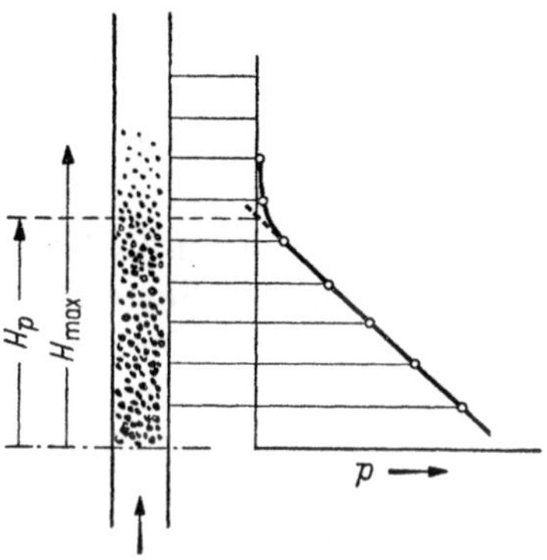

Abb. 14. Schematische Darstellung für die Ermittlung der Wirbelschichthöhe aus Messungen des Druckverlaufs

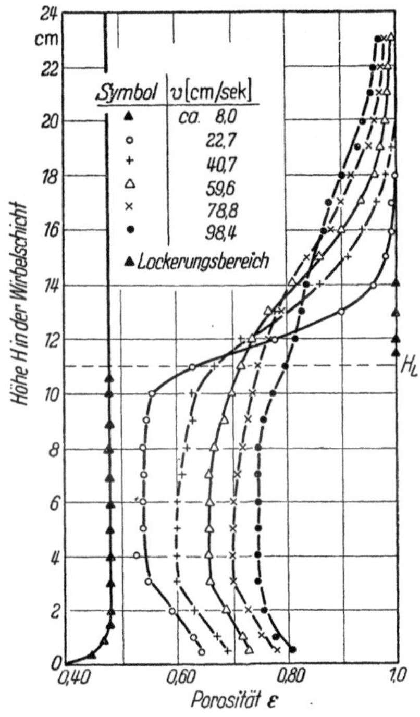

Abb. 15. Porosität ε längs der Achse einer Wirbelschicht von Glaskugeln (d = 0,175 bis 0,210 mm) bei verschiedenen Strömungsgeschwindigkeiten v. Höhe der festen Schicht: 9,7 cm, ε = 0,40; Höhe der Schicht im Bereich der Lockerung (beginnende Aufwirbelung): H_L = 11,0 cm, ε_L = 0,48

kleiner Sonde. Messungen haben Bakker und Heertjes [*13*] durchgeführt. In Abb. 15 ist die Porositätsverteilung längs der Höhe einer Wirbelschicht dargestellt. Bis zu einer Geschwindigkeit, welche etwa das Dreifache der Lockerungsgeschwindigkeit beträgt, ist der Übergang zur Gasphase noch einigermaßen scharf, bei höheren Geschwindigkeiten wird er aber zusehends verwischt. Es ist auch augenscheinlich, daß mathematische Beschreibungen der Ausdehnung, welche mit einem mittleren Wert für die Porosität oder mit der Höhe der expandierten Schicht operieren, nur recht angenähert gelten können.

Für die ruhende Schüttung ist z.B. die Gültigkeit des Porositätsterms $(1-\varepsilon)^2/\varepsilon^3$ der Carman-Kozeny-Gleichung experimentell befriedigend bestätigt.

Es liegt nun nahe, diese Gleichung auch für die Expansion einer Wirbelschicht in Abhängigkeit von der Geschwindigkeit zu benutzen, wobei man zu berücksichtigen hat, daß Δp nach erfolgter Lockerung konstant bleibt.

Leva und Mitarbeiter [*14, 15, 16*] haben versucht, diesen Gedankengang experimentell zu klären. Es ergab sich keine unmittelbare Gültigkeit bei Gasen als Träger. Jedoch konnte mit einer Potenz des Kozeny-Faktors befriedigende Übereinstimmung mit der beobachteten Schichtausdehnung erzielt werden.

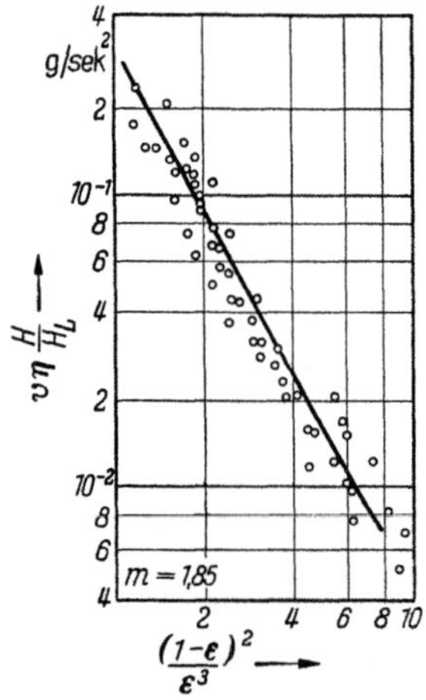

Abb. 16. Auftragung der Schichtexpansion gemäß Gl. (19) für Wirbelschichten aus Kohleteilchen von 0,140–0,215 mm Korngröße und Luft bzw. Helium als Trägergas (nach Leva und Mitarbeitern [15])

Durch Umgruppieren der Carman-Kozeny-Gleichung (12) erhält man:

$$\eta v H = \frac{\Delta P d_k^2}{150}\left(\frac{(1-\varepsilon)^2}{\varepsilon^3}\right)^{-1}.$$

Dividiert man durch H_L und faßt die während der Ausdehnung sich nicht verändernden Größen der Schicht, also p und d_k, in eine Konstante zusammen, so erhält man

$$\eta v \frac{H}{H_L} = \text{const}\left(\frac{(1-\varepsilon)^2}{\varepsilon^3}\right)^{-m}, \qquad (19)$$

wobei nach den vorstehenden Ausführungen an Stelle von -1 der Exponent für den Kozeny-Faktor mit $-m$ bezeichnet wurde.

In Abb. 16 ist diese Beziehung mit den experimentell erhaltenen Hohlraumanteilen für Kohle verschiedener Körnung verglichen. Die Versuchspunkte ergaben sich aus 4 Ausdehnungsversuchen, bei denen die Korngröße innerhalb 0,140–0,215 mm verändert wurde. Sie konnten aber durch den Exponenten $m = 1{,}85$ noch befriedigend erfaßt werden.

Für andere Korngrößen ändert sich der Wert des Exponenten m. Die Abhängigkeit von der Korngröße ist in Abb. 17 nach LEVA und Mitarbeitern dargestellt. Für gröberes Wirbelgut kann also m auch Werte, welche kleiner als 1 sind, annehmen. Bei Flüssigkeiten als Trägermedium wird m über alle Korngrößen konstant und nimmt den aus der CARMAN-KOZENY-Gleichung folgenden Wert von 1 an. Solche Wirbelschichten sind ja praktisch homogen, was augenscheinlich eine Voraussetzung für die unmittelbare Anwendung dieser Gleichung ist.

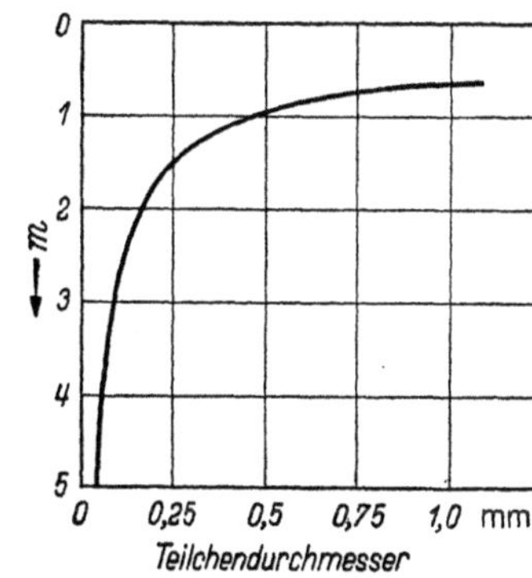

Abb. 17

Die Benutzung von Gl. (19) kann auf einfache Weise graphisch erfolgen. In einem doppelt logarithmischen Diagramm ermittelt man zunächst die Koordinate des Lockerungspunktes mit ε_L und v_L und zieht dann eine Gerade mit der Neigung $-m$, welche die weitere Abhängigkeit zwischen ε und v beschreibt.

Eine wesentliche Voraussetzung für die Gültigkeit der durch Gl. (19) gegebenen Beziehung war die Konstanz des Druckverlustes. Bei vielen Systemen ist diese Bedingung gut erfüllt, doch treten manchmal auch

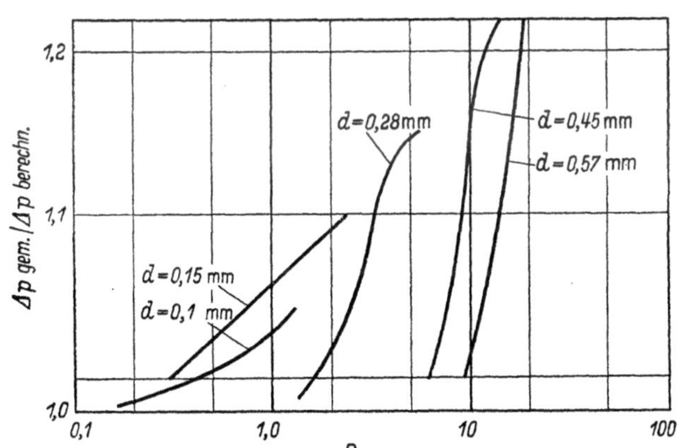

Abb. 18. Abweichung des Druckverlustes in Wirbelschichten (Glaskugeln, Luft) von dem nach Gl. (12) berechneten Wert (nach LEWIS und Mitarbeitern [17]). Schachtdurchmesser = 63 mm, Schüttungshöhe/Schachtdurchmesser = 9,8

große Abweichungen auf. Die Abb. 18 nach Versuchen von LEWIS, GILLILAND und BAUER [17] zeigt, daß der Druckabfall nicht nur, wie bei der Kanalbildung bereits geschildert, nach kleineren, sondern auch nach größeren Werten als berechnet, abweichen kann.

Die LEVAsche Korrelation ging von der Schüttung aus. Umgekehrt kann man auch von der ausgeblasenen Wolke ausgehen. Läßt man suspendierte Teilchen sedimentieren, so ist bekanntlich die Sink- oder Fallgeschwindigkeit in einem ruhenden Medium gleich der Schwebegeschwindigkeit in einem strömenden Medium. Bei Sedimentierversuchen kann man nun eine Abhängigkeit der Sinkgeschwindigkeit von der Teilchenkonzentration, also auch vom Hohlraumanteil, feststellen.

Löst man Gl. (15) für die Schwebegeschwindigkeit kugelförmiger Teilchen nach C auf, so erhält man für ein einzelnes Teilchen

$$C = \frac{4}{3} \frac{g\,d}{v_S^2} \frac{\varrho_f - \varrho}{\varrho}.$$

Für mehrere Teilchen, die mit einem Hohlraumanteil ε und einer Geschwindigkeit $v_{S,\varepsilon}$ sedimentieren, gilt dann nach LEWIS und Mitarbeitern [*17*]

$$C\varepsilon^{-x} = \frac{4}{3} \frac{g\,d}{v_{S,\varepsilon}^2} \frac{\varrho_f - \varrho}{\varrho}. \tag{20}$$

Das heißt, daß vergesellschaftete Teilchen einen größeren Widerstand zeigen, daß sie also langsamer fallen bzw. eine geringere Anströmgeschwindigkeit benötigen, um zu schweben. Die Bedingung Gl. (20)

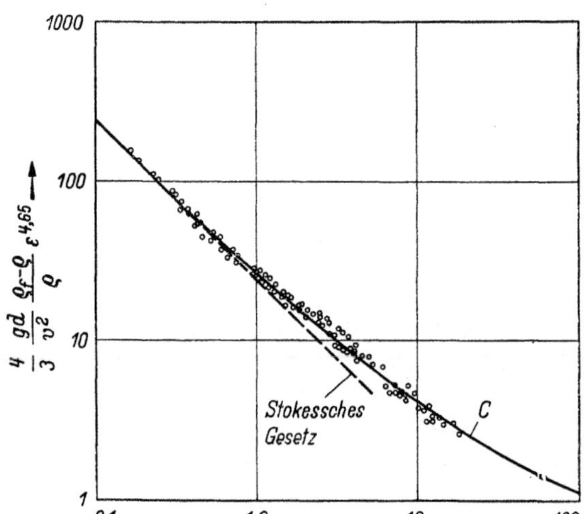

Abb. 19. Experimentelle Prüfung der Gl. (20) nach LEWIS und Mitarbeitern [*17*]. Die Versuchspunkte wurden mit Luft-Glaskugel-Wirbelschichten, durch Sedimentierversuche und mit Wasser-Glaskugel-Wirbelschichten ermittelt

gilt nun auch für Wirbelschichten, wie es das Diagramm der Abb. 19 ausweist. Hierbei wurde für x der Wert 4,65 gefunden. Die Leerrohrgeschwindigkeit v tritt hierbei an die Stelle von $v_{S,\varepsilon}$.

Handelt es sich um Substanzen mit einem ausgedehnten Teilchengrößenbereich, so wird ein mittlerer Durchmesser gemäß $d = 1/\sum x_i/d_i$ benutzt.

Setzt man in Gl. (20) $C = 24/Re$ für den laminaren Bereich ($Re < 1$) ein, so resultiert nach Umstellung

$$v_{S,\varepsilon} = \frac{1}{18} g\, d^2 (\varrho_f - \varrho) \frac{\varepsilon^x}{\eta}\,.$$

Wenn man an Stelle von $v_{S,\varepsilon}$ die Leerraumgeschwindigkeit für die Wirbelschicht, einmal im betrachteten Zustand, das andere Mal am Lockerungspunkt setzt und die beiden Ausdrücke dividiert, so ergibt sich

$$\frac{v}{v_L} = \left(\frac{\varepsilon}{\varepsilon_L}\right)^x. \tag{21}$$

Weiter erhält man für $Re > 1$ durch Multiplikation von Gl. (20) mit Re^2

$$C Re^2 = \frac{4}{3} \frac{d^3 g}{\eta^2} \varrho (\varrho_f - \varrho) \varepsilon^x$$

und ähnlich wie vorhin

$$\frac{(C Re^2)_v}{(C Re^2)_{v_L}} = \left(\frac{\varepsilon}{\varepsilon_L}\right)^x. \tag{22}$$

Diese beiden Ausdrücke sind von BRÖTZ [*18*] aus der FEHLINGschen Gleichung für den Druckverlust von Schüttungen abgeleitet worden,

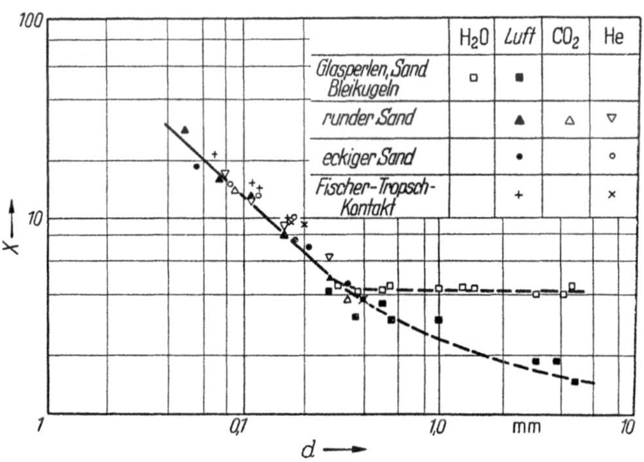

Abb. 20. Abhängigkeit des Exponenten x der Gln. (21) und (22) als Funktion vom Korndurchmesser (nach BRÖTZ [*18*])

welche auf der Widerstandszahl von Kugeln basiert ist. Weiterhin konnte BRÖTZ zeigen, daß für x kein konstanter Wert einzusetzen ist, sondern daß x ähnlich wie m aus Gl. (19) mit der Korngröße variiert. Die Abhängigkeit ist in Abb. 20 dargestellt. Zur Erleichterung der Rechnung hat BRÖTZ ein Diagramm entworfen (Abb. 21 a u. b).

LEWIS und Mitarbeiter [17] haben noch eine weitere Abhängigkeit zwischen der maximal beobachtenten Schichtausdehnung und der Gas-

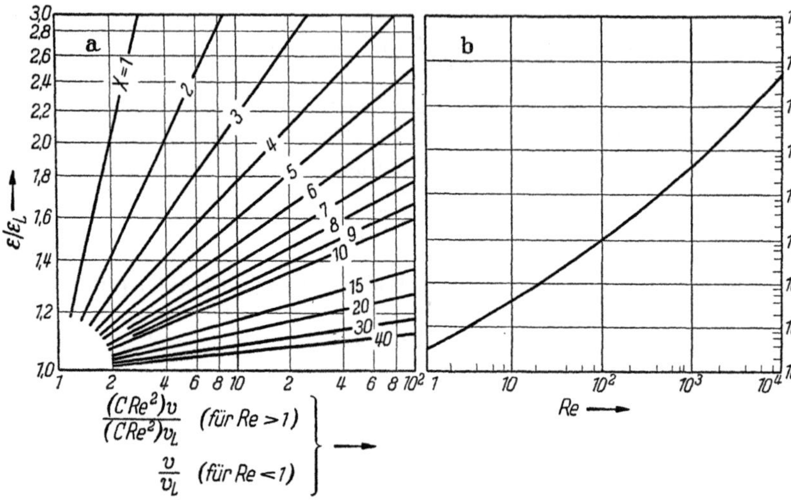

Abb. 21 a u. b. Diagramm zur Berechnung der Wirbelschichtexpansion (nach BRÖTZ [18]). Aus Teil b) ermittelt man den Ausdruck $C \cdot Re^2$, welcher dann in a) unter Berücksichtigung des Exponenten x aus Diagramm (Abb. 20) den resultierenden Wert von $\varepsilon/\varepsilon_L$ ergibt

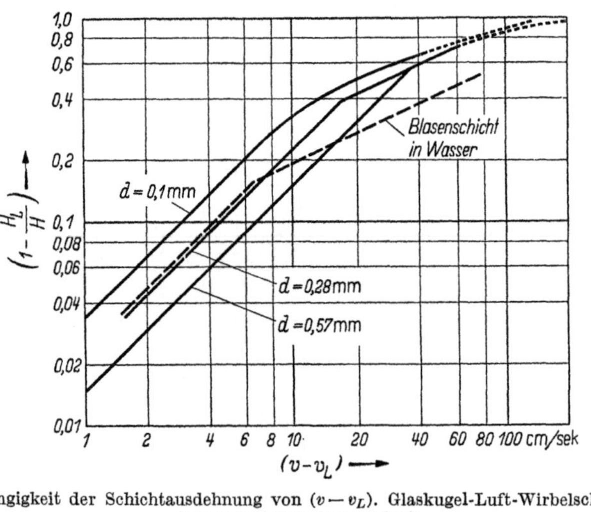

Abb. 22. Abhängigkeit der Schichtausdehnung von $(v - v_L)$. Glaskugel-Luft-Wirbelschichten (nach LEWIS und Mitarbeitern [17])

geschwindigkeit gefunden. Sie stellten eine Proportionalität zwischen dem Anteil der Gasgeschwindigkeit, welche über die Geschwindigkeit am

Lockerungspunkt hinausgeht, und der relativen Schichtausdehnung fest. Abb. 22 zeigt das Ergebnis einer Versuchsreihe mit verschiedenen Glaskugeln und Luft. Diese Relation gilt bis zu einer Schichtausdehnung von etwa 50%. Dann biegen die Kurven ab, um für verschwindende Feststoffanteile dem Wert für die Schwebegeschwindigkeit einer isolierten Kugel zuzustreben. Interessant ist, daß man ähnliche Kurven erhält, wenn Luftblasen durch Wasser geleitet werden.

Die Autoren haben auch die Abhängigkeit vom Korndurchmesser näher untersucht und erhalten schließlich auf empirischem Wege den Ausdruck

$$1 - \frac{H_0}{H} = \frac{3{,}42 \cdot 10^{-3}}{\sqrt{d}} (v_L - v), \quad (23)$$

(d in cm, v in cm/sek).

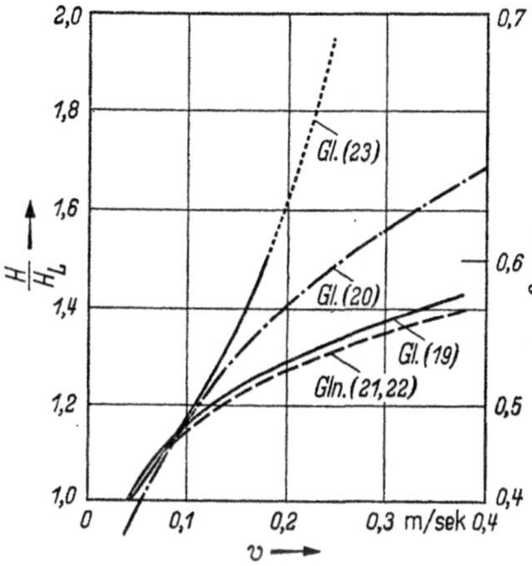

Abb. 23. Anwendung der verschiedenen für die Wirbelschichtexpansion abgeleiteten Gleichungen für einen praktischen Fall. Luftwirbelschicht aus einheitlichen Glaskugeln mit 0,2 mm Durchmesser bei 20 °C

Um die Leistungsfähigkeit aller dieser verschiedenen Ausdrücke für die Schichtexpansion zu illustrieren, sind in Abb. 23 die Ergebnisse von den Gln. (19), (20), (22) und (23) für die Schichtexpansion am Beispiel der Durchwirbelung von Glaskugeln von 0,2 mm Durchmesser mit Luft graphisch dargestellt. Bis zu einer Schichtexpansion von etwa 20% liegen die auf verschiedene Weise berechneten Ausdehnungslinien befriedigend zusammen. Die Methoden von LEVA und BRÖTZ scheinen die tatsächlichen Verhältnisse am besten zu treffen, wenn man sie z.B. mit der Ausdehnungskurve, welche in Abb. 11 wiedergegeben ist, vergleicht.

2.4 Die Inhomogenität von Gaswirbelschichten und die Wirbelschichtzähigkeit

Im vorigen Abschnitt wurde stets mit der Vorstellung gearbeitet, daß bei der Ausdehnung einer Wirbelschicht sich eine gleichmäßige Konfiguration des Wirbelgutes ergibt, wenngleich schon darauf hingewiesen wurde, daß der Hohlraumanteil z.B. von unten nach oben hin abnimmt. Nun treten aber auch die Blasen auf. THOMEY und JOHNSTONE [*19*] schlagen daher vor, anzunehmen, daß sich eine Schüttung mit Gasen gar nicht weiter als bis auf eine Porosität ε_L, also bis auf einen Festkörper-Gas-Brei mit der Lockerungskonfiguration belüften läßt. Dieser Brei hat etwa die Konsistenz eines trockenen, zur Lawinenbildung neigenden Schnees. Wird die durchgeleitete Gasmenge vergrößert, so scheidet sich der Überschuß in Form von Blasen aus. Es besteht daher auch eine Ähnlichkeit zwischen einer Gaswirbelschicht und einer Flüssigkeitsblasenschicht.

Diese Ähnlichkeit ließ sich z.B. bei den Ausdehnungslinien der Abb. 22 zeigen. Diesen lag die Gl.(23) von Lewis und Mitarbeitern zugrunde.

Daraus lassen sich nun noch einige für die Blasenbildung interessante Aussagen herleiten.

Wird Gl. (23) etwas umgestellt und beiderseits mit F, dem Querschnitt des Schachts, multipliziert, so ergibt sich

$$F(H - H_L) = 3{,}42 \cdot 10^{-3} \frac{H}{\sqrt{d}} F(v - v_L).$$

Die linke Seite ist dann gemäß dem oben Gebrachten das von den Gasblasen eingenommene Volumen, während $F(v - v_L)$ den in der Zeiteinheit in Form von Blasen durchfließenden Gasanteil darstellt. Für die Verweilzeit der Gasblasen in der Schicht, d.h., für ihre Steigdauer t, findet man dann

$$t = \frac{H - H_L}{v - v_L} = 3{,}42 \cdot 10^{-3} \frac{H}{\sqrt{d}},$$

(H und d in cm, t in Sekunden).

Die Steiggeschwindigkeit ist

$$\frac{H}{t} = 292 \sqrt{d}, \tag{24}$$

(cm/sek).

Trawinsky [20] hat versucht, für den Fall kugelförmiger Blasen deren Durchmesser zu berechnen. Die Blasen sollen am Tragboden entstehen. Wenn ihr Volumen so groß geworden ist, daß der statische Auftrieb im Wirbelschichtbrei die zur Überwindung der Zwischenpartikelreibung erforderlichen Abtrennkräfte aufbringt, werden sie sich ablösen und hochsteigen.

Auf der Grundplatte wird eine Blase einen Berührungskreis bilden, dessen Durchmesser dem Blasendurchmesser proportional ist. Auf die Berührungsfläche der Blase wirkt der Schweredruck der die Blase umhüllenden Partikellagen. Ist p_S dieser Schweredruck und der Reibungsbeiwert der Teilchenreibuug ϱ_R, so erhält man für die Abtrennkraft

$$K_T = \text{prop}\, \frac{\pi}{4} d_{Bl}^2 p_S \varrho_R.$$

Der statische Auftrieb ergibt sich zu

$$K_A = \frac{\pi d_{Bl}^3}{6} g[(1 - \varepsilon_L)\varrho_f - \varrho]. \tag{25}$$

Werden beide Kräfte gleichgesetzt, so ergibt sich der Blasendurchmesser

$$d_{Bl} = \text{prop} \frac{p_S \varrho_R}{g\,[(1-\varepsilon_L)\,\varrho_f - \varrho]} \,. \tag{26}$$

Für den Schweredruck setzt nun TRAWINSKY das um ihren Auftrieb verringerte Gewicht von 2 Teilchenlagen ein. Dieses wird auf die Einheit der Querschnittsfläche der Körner bezogen:

$$p_S = 2\,d\,(\varrho_f - \varrho) \,. \tag{27}$$

Daß nur 2 Lagen zur Wirkung kommen sollen, ergibt sich aus der Annahme, daß der Anteil zum Schweredruck von aufeinanderfolgenden Teilchenschalen mit dem Quadrat des Abstandes abnimmt. Nimmt man unter dieser Voraussetzung eine Summierung über alle Partikellagen von 1 bis ∞ vor, so erhält man

$$p_S = p_{S,0}\left(1 + \sum_{n=1}^{n=\infty} \frac{1}{(1+n)^2}\right) = 2\,p_{S,0} \,.$$

Wird p_S in Gl. (26) durch Gl. (27) ersetzt, so ergibt sich für den Blasendurchmesser

$$d_{Bl} = \text{const} \frac{\varrho_R}{1-\varepsilon_L}\, d \,. \tag{28}$$

Solange man also den Reibungsbeiwert der äußeren Partikelreibung vom Teilchendurchmesser unabhängig ansehen kann, ist die Blasengröße direkt dem Korndurchmesser proportional.

In Gl. (24) wurde gezeigt, daß die Steiggeschwindigkeit der Blasen proportional der Wurzel aus dem Korndurchmesser ist. Mit Gl. (28) ergibt sich daraus, daß die Steiggeschwindigkeit auch proportional der Wurzel aus dem Blasendurchmesser ist.

Da man die Steiggeschwindigkeit von Blasen analog zur Fall- oder Schwebegeschwindigkeit schwerer kugelförmiger Körper berechnen kann, findet man durch Vergleich mit Gl. (17a, b u. c) daß das Aufsteigen der Blasen im Wirbelschichtbrei sich im turbulenten Bereich abspielt. Wenn man diesem Brei wie einer Flüssigkeit eine Zähigkeit zuschreibt, kann man annehmen, daß die REYNOLDSsche Zahl für das turbulente Aufsteigen der Blasen ungefähr den Wert von 500 haben wird. Nennt man die dynamische Zähigkeit der Wirbelschicht η^*, so ergibt sich

$$Re_{Bl} = d_{Bl} \frac{H}{t} \varrho_f (1 - \varepsilon_L)/\eta^* \sim 500 \,.$$

Setzt man für $d_{Bl} \sim 1$ cm, $H/t \sim 100$ cm sek^{-1} und $\varrho_f(1-\varepsilon_L) \sim 1$ g cm^{-3}, so ergibt sich für η^* ein Wert von 0,2 Poise. Dies würde ungefähr der Zähigkeit von Paraffinöl bei Zimmertemperatur entsprechen.

Als erste haben MATHESON, HERBST und HOLT [21] versucht, die Zähigkeit von Wirbelschichten zu messen. Es wurde der in Abb. 24 gezeigte Apparat verwendet. Durch ein absinkendes Gewicht wird ein in die Wirbelschicht tauchender Rührer über ein Getriebe in Rotation versetzt. Die Last, welche 200 Touren je Minute ergibt, ist ein Maß für die Zähigkeit. Durch Eichung mit einem Öl bekannter Zähigkeit wurde gefunden, daß 1 g der Last 0,08 Poise äquivalent war.

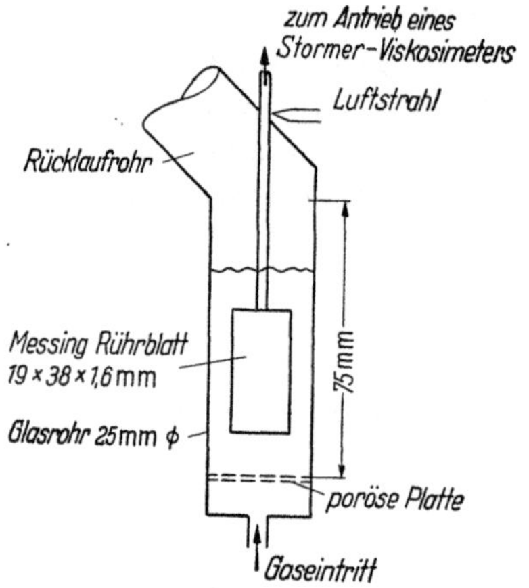

Abb. 24. Versuchsapparatur zur Messung der Wirbelschichtzähigkeit (nach MATHESON, HERBST und HOLT [21]). Der Antrieb des Rührers erfolgt durch ein absinkendes Gewicht mittels eines STORMER-Viskosimeters

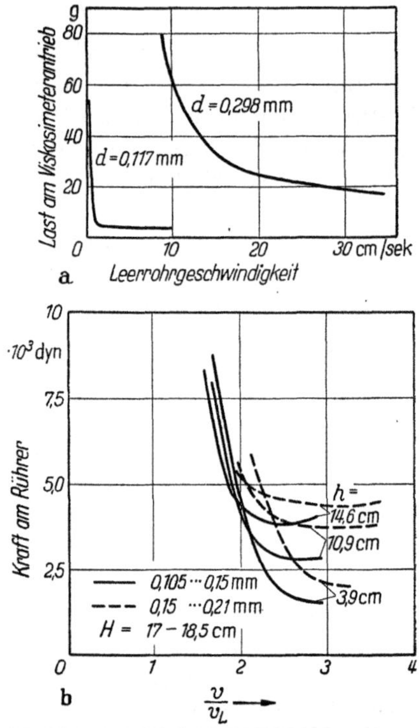

Abb. 25a u. b. Abhängigkeit der Wirbelschichtzähigkeit von der Trägergasgeschwindigkeit a) Versuchsergebnisse von MATHESON, HERBST und HOLT mit einem synthetischen Crack-Katalysator und Luft. 20 g Last am Viskosimeter entsprechen 1,6 Poise; b) Messungen von KRAMERS an Sand-Luft-Wirbelschichten bei verschiedenen Höhen h des Rührers über dem Tragboden. Als Zähigkeit ist die Kraft aufgetragen, welche dem Rührer eine Umfangsgeschwindigkeit von 5 cm/sek erteilt. $5 \cdot 10^3$ dyn entsprechen 40 Poise

Ähnliche Versuche hat auch KRAMERS [22] durchgeführt, wobei ein hantelartiger Rührer benutzt wurde. Die Versuchsergebnisse beider Autoren sind in Abb. 25a u. b dargestellt. Gröberes Korn ergibt größere Zähigkeit. KRAMERS' Werte zeigen aber, daß das Ergebnis von der Lage der Meßstelle in der Wirbelschicht abhängig ist. Qualitativ stimmt aber der Verlauf der Kurven überein. Die Experimente ergaben allerdings beträchtlich höhere Werte für die Zähigkeit als die oben grobabgeschätzten 0,2 Poise.

Interessant ist die Abhängigkeit der Zähigkeit von Korngemischen von dem Anteil an feinen bzw. groben Teilchen. Dies zeigt Abb. 26a u. b nach MATHESON und Mitarbeitern. Mischt man grobem Korn etwas Feines zu, so wird schon bei geringen Zusätzen die Zähigkeit stark herabgesetzt. Umgekehrt kann man zu feinen Partikeln bis zu etwa 70% grobe Anteile zumischen, ohne daß die Zähigkeit besonders stark anwächst. TRAWINSKY [23] hat dies dadurch erklärt, daß die feinen Teilchen die groben umgeben und die Zwischenpartikelreibung beeinflussen.

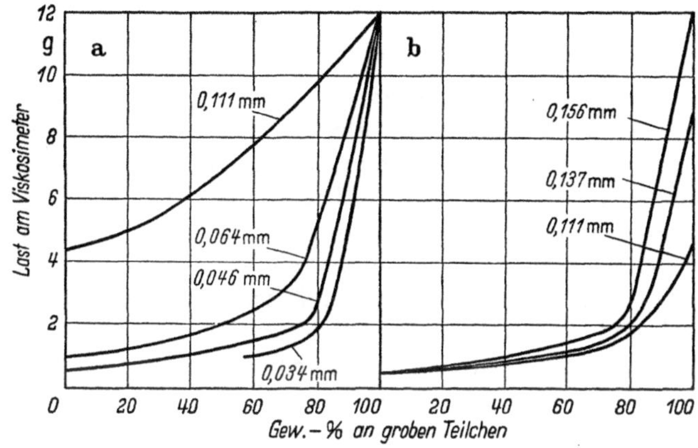

Abb. 26a u. b. Einfluß von Partikelmischungen auf die Zähigkeit. Im Diagramm a) wurden zu einem synthetischen Crack-Katalysator von 0,160 mm Teilchengröße feinere Partikel zugesetzt, während im Diagramm b) umgekehrt zu feinen Teilchen von 0,046 mm Durchmesser Grobes zugemischt wurde

Von TRAWINSKY [20] stammt auch eine Methode zur Berechnung von η^*. Man kann dem Wirbelschichtbrei eine stark gestörte Gitterstruktur zuschreiben. Die nicht besetzten Gitterplätze, die „Löcher“, sind die Ursache der Beweglichkeit. Dieselbe Konzeption wird auch in der sogenannten Löchertheorie der Flüssigkeiten angenommen. Es ist also möglich, die dort entwickelten Rechenmethoden auf die Wirbelschichten zu übertragen. Aus der Sprungfrequenz der Teilchen, die ein Loch umgeben, und dem Lochdurchmesser läßt sich nach der EINSTEINschen Gleichung über das mittlere Verschiebungsquadrat $\xi^2 = 2At$ ein Austauschkoeffizient A finden. Dieser kann, ähnlich wie der Diffusionskoeffizient größerer, in Flüssigkeit gelöster Teilchen, mit der Zähigkeit und der kinetischen Energie der Partikel E_{kin} verknüpft werden.

$$\eta^* = \frac{E_{kin}}{3\pi d A}\,. \tag{29}$$

Man findet $A \sim \frac{1}{1-\varepsilon_L} v d \frac{H}{H_L}$ und $E_{kin} \sim d^3 \varrho_f v^2$ und erhält schließlich

$$\eta^* = \text{const}\,(1-\varepsilon_L)\,\varrho_f\, d\, \frac{v}{v_L} \Big/ \frac{H-H_L}{H_L} \tag{30}$$

für die vom Wirbelgut herrührende Zähigkeit. Der Ausdruck $\frac{v}{v_L} \Big/ \frac{H - H_L}{H_L}$ nimmt mit wachsendem v ab, wie es die experimentellen Ergebnisse verlangen.

2.5 Staubentwicklung in Wirbelschichten, wirbelnde Flugstaubwolken und pneumatischer Transport

Bei der Durchwirbelung einheitlicher Partikel werden bei höheren Gasgeschwindigkeiten einzelne Teilchen in den Gasraum geschleudert; da aber die Gasgeschwindigkeit unter der Schwebegeschwindigkeit liegt, fallen sie, sobald der Impuls abgeklungen ist, wieder zurück. Sind aber feine Teilchen beigemischt, so kann für diese die Schwebegeschwindigkeit überschritten werden, und die Partikel werden als Staub mit dem Gasstrom weggeführt. Die feinen Anteile können bereits vor Aufgabe des Gutes in den Wirbelschichtprozeß vorhanden gewesen sein, sie können sich aber bei längerer Verweilzeit durch Abrieb aus einheitlichem Material auch frisch bilden.

Leva [24] hat die Separierung von Feinem an Hand von Wirbelgütern mit definierten Teilchengrößen, innerhalb des Intervalls von 0,105 bis 0,225 mm untersucht, denen 20% feine Anteile mit 0,04–0,07 mm zugesetzt wurden. Der Apparat bestand aus einem 35 mm weiten Glasrohr von 1,2 m Länge, an welches sich ein Zyklon und ein Stoffilter anschlossen. Durch Siebanalysen von Staub und Rückstand wurde festgestellt, daß kein Abrieb auftrat.

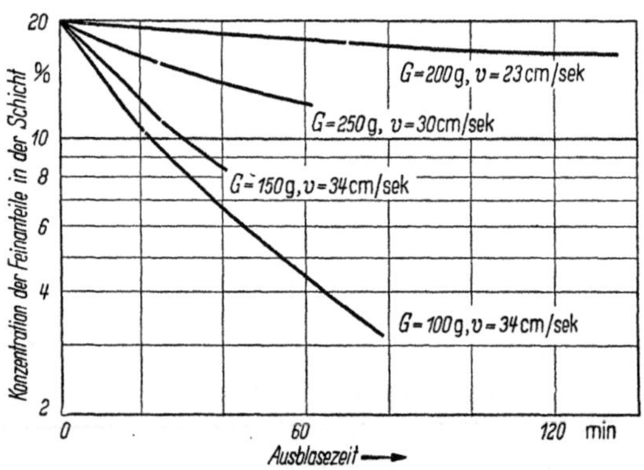

Abb. 27. Verminderung des Feinanteils von Wirbelschichten in Abhängigkeit von der Zeit bei verschiedenen Trägergasgeschwindigkeiten. Als Wirbelgut wurde ein Sand mit 0,19 mm Teilchengröße, dem 20% Teilchen mit 0,05 mm Durchmesser zugemischt waren, verwendet. Die Unterbrechung in den Linienzügen zeigt die Grenze der Gültigkeit von Gl. (31)

Abb. 27 zeigt Ergebnisse mit Sand von 0,19 mm Durchmesser, dem 20% 0,05 mm-Teilchen zugemischt wurden. Hierbei ist die mit der Zeit abnehmende Konzentration c an Feinem in der Schicht aufgetragen.

Diese folgt bei Beginn des Versuches der Gleichung

$$c = c_0 e^{-kt}, \tag{31}$$

(c_0 = Anfangskonzentration, k = Konstante).

Nachdem auf diese Weise ein Teil ausgeblasen wird, verlangsamt sich die Konzentrationsverringerung, und ein gewisser Anteil, c_{Rest}, wird dauernd von der Schicht festgehalten. Im vorigen Abschnitt ist gezeigt worden, wie durch einen bestimmten Anteil von Feingut die Wirbelschichtzähigkeit sehr stark herabgesetzt wird. Grobe Teilchen mit diesem Anteil an Feingut dürften daher eine für die Durchwirbelung besonders günstige Konfiguration besitzen (TRAWINSKY [*23*]). Der Überschuß an Feinem über diesen Schwellenwert läßt sich dann relativ leicht ausblasen.

Die Staubkonzentration im Gasraum c_g ist ein bestimmter Bruchteil der Schichtkonzentration, wobei aber der „eingebaute" Anteil c_{Rest} abzuziehen ist. Es gilt daher

$$c_g = \operatorname{prop}(c - c_{\text{Rest}})\,. \tag{32}$$

Die Konstante k in Gl. (31), welche die Ausblasgeschwindigkeit bestimmt, hängt von der Trägergasgeschwindigkeit ab.

Wird die Trägergasgeschwindigkeit so gering, daß sie sich der Schwebegeschwindigkeit der auszublasenden Teilchen nähert, so nähert sich k dem Wert Null. Diesem Sachverhalt wird eine von OSBERG und CHARLESWORTH [*25*] aufgefundene Beziehung

$$k \sim (v - v_S)^{1,7} H^{1,4}\, d_{\text{grob}}^{0,7} / d_{\text{fein}}^{2} \tag{33}$$

gerecht. Hierin ist auch zum Ausdruck gebracht, daß bei größeren Schichthöhen weniger ausgeblasen wird. Die Schicht wirkt als eine Art Filter, in dem eine Anreicherung des Staubes am oberen Ende stattfindet.

Wesentlich für die Menge des mitgeführten Anteils ist auch die Höhe des Gasraumes über der Schichtoberfläche. Der pneumatische Transport des Staubes bildet sich erst nach einer Anlaufstrecke aus. In dieser Anlaufstrecke, welche bei den Versuchen von LEVA etwa 150 mm betrug, baute sich ein Staubkonzentrationsgefälle von unten nach oben auf. Wurde der Gasraum kleiner als diese Strecke gehalten, so vergrößerte sich der mitgeführte Anteil erheblich.

Wählt man die Gasgeschwindigkeit so hoch, daß die Schwebebedingungen auch für die gröbsten Teilchen überschritten werden, so hört das Existenzgebiet der stationären Wirbelschicht auf, und man erreicht einen Zustand, bei dem ein pneumatischer Transport der Teilchen erfolgt. In engen Rohren, vor allem bei grobem Wirbelgut, sind die beiden Gebiete durch instabile Zustände, bei denen Stoßsendungen und Stopfvorgänge auftreten, getrennt.

Um die Teilchen hochzufördern, ist es notwendig, daß sie eine Relativgeschwindigkeit gegenüber der Gasströmung besitzen. Diese Relativgeschwindigkeit Δv, die Schlupfgeschwindigkeit, bewirkt das Entstehen von Reibungskräften an den Partikeln. Diese haben einerseits die Schwere der Teilchen, anderseits die Energieverluste durch Zusammenstoßen und sonstige gegenseitige Beeinflussungen sowie die Reibungsverluste der Teilchen an der Apparatewand zu überwinden. Ist v_f die Eigengeschwindigkeit des Festkörpers, so ergibt sich für die Schlupfgeschwindigkeit

$$\Delta v = v - v_f . \tag{36}$$

Wenn nur die Schwere der Teilchen zu überwinden ist, würde Δv gleich der Schwebegeschwindigkeit sein. Im allgemeinen wird aber ein größerer Wert auftreten. Die Feststoffkonzentration in der Schicht ist ebenso wie in der stationären Wirbelschicht durch

$$(1 - \varepsilon)\varrho_f$$

definiert. Zwischen Feststoffkonzentration und der Einspeisegeschwindigkeit G_f, welche man auf die Querschnittsfläche bezieht, besteht folgender Zusammenhang:

$$G_f = v_f(1 - \varepsilon)\varrho_f . \tag{34}$$

Als Materialbeladung μ bezeichnet man das Verhältnis von gefördertem Gut zur fördernden Gasmenge

$$\mu = \frac{G_f}{v\varrho} . \tag{35}$$

Bei geringen Materialbedingungen bis etwa maximal 5 befindet man sich im Gebiet der klassischen pneumatischen Förderung.

Für den Aufwärtstransport in einem senkrechten Rohr lassen sich die Verhältnisse leicht überblicken: man geht zweckmäßig vom Druckverlust des Trägergases über die Förderstrecke aus. Dieser Druckverlust setzt sich aus mehreren Anteilen zusammen. Zunächst muß der rein statische Druck der Festkörpersäule überwunden werden, dann liefert die Partikelreibung der in parallelen Bahnen strömenden Partikel an den Rohrwänden und die Gasreibung an der Rohrwand einen Anteil. Außerdem wird am Anfangszustand ein Druckverlust durch die Beschleunigung der Teilchen auftreten, wenn diese mit der Eigengeschwindigkeit $v_f = 0$ eingeschleust werden.

Betrachtet man zunächst die beiden Druckverlustanteile, welche von den Partikeln herrühren, nach Erreichen der Gleichgewichtspartikelgeschwindigkeit, so ergibt sich für den statischen Anteil

$$\Delta p_1 = H(1 - \varepsilon)\varrho_f g . \tag{37}$$

Für den Anteil der Teilchen an der Rohrreibung benutzt man denselben Ansatz, wie man ihn für den Durchfluß eines Gases oder einer

Flüssigkeit durch einen Kanal anwendet. Ist λ der Reibungsfaktor, so ergibt sich

$$\Delta p_2 = \lambda \frac{v_f^2 (1-\varepsilon) \varrho_f}{2} \frac{H}{D}, \tag{38}$$

(D = Rohrdurchmesser).

Drückt man nun in den Ausdrücken für Δp_1 und Δp_2, $(1-\varepsilon)\,\varrho_f$ durch die Einspeisegeschwindigkeit und die Teilchengeschwindigkeit gemäß Gl. (34) aus, so findet man für den vom Festkörper herrührenden Anteil

$$\Delta p = \Delta p_1 + \Delta p_2 = H G_f \left(\frac{g}{v_f} + \frac{\lambda}{2D} v_f \right). \tag{39}$$

Dieser Druckabfall muß nun durch die Reibungskräfte, welche der Trägergasstrom auf die Teilchen ausübt, kompensiert werden. Bei Kugeln findet man für die Kraft auf ein Einzelteilchen gemäß Gl. (14)

$$K = C \frac{\varrho (\Delta v)^2}{2} \frac{d^2 \pi}{4}.$$

Im Steigrohr mit der Querschnittsfläche F und der Höhe H befinden sich insgesamt $N = F H \frac{6}{d^3 \pi} (1-\varepsilon)$ Teilchen. Die insgesamt aufgewandten Kräfte ergeben sich aus dem Produkt K und N, und der dadurch resultierende Druckverlust ist weiterhin gleich KN/F. Setzt man die entsprechenden Werte ein, so ergibt sich, wiederum unter Berücksichtigung von Gl. (34),

$$\Delta p = \frac{3}{4} H G_f C \frac{(\Delta v)^2 \varrho}{d v_f \varrho_f}. \tag{40}$$

Zur Erläuterung sind die Gln. (37), (39) und (40) in Abb. 28 gemäß einer Arbeit von Hariu und Molstad [26] graphisch dargestellt. Es ist $\Delta p / H G_f$ in Abhängigkeit von v_f aufgetragen. Das Beispiel gilt für Teilchen von 0,5 mm Durchmesser mit einer Dichte von 2,65 g/cm³. Für λ wurde von den Autoren ein Wert von 0,008 gefunden.

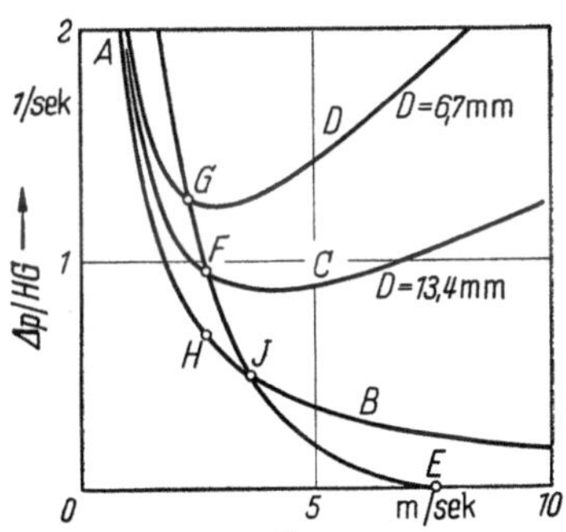

Abb. 28. Abhängigkeit des Druckverlustes von der Eigengeschwindigkeit der Partikel bei der pneumatischen Förderung

Die Kurve AB ist der statische Druckanteil nach Gl. (37). Dieser variiert gemäß Gl. (34) mit $1/v_f$, weil bei steigender Eigengeschwindigkeit die Teilchenkonzentration abnimmt. Die Kurven AC und AD stellen den gesamten durch die Partikel hervorgerufenen Druckverlust gemäß Gl. (39) für zwei verschiedene Steigrohrdurchmesser dar. Wie man sieht, nähert sich der Druckverlust mit steigendem Rohrdurchmesser der Kurve für den statischen Druckverlust, indem die Wandreibung, welche auch das erneute Ansteigen mit wachsendem v_f hervorruft, einen immer weniger ins Gewicht fallenden Anteil einnimmt. Die Linie *GE* repräsentiert die Gl. (40). Diese ist für die Gasgeschwindigkeit von 7,6 m/sek berechnet worden. Der Punkt *F* stellt jene Teilchengeschwindigkeit dar, bei der die Reibungskräfte durch den Schlupf von $\Delta v = v - v_f$ gerade den Druckabfall im weiteren Rohr überwinden. Für das engere Rohr ist gemäß dem Schnittpunkt *G* eine etwas größere Schlupfgeschwindigkeit aufzuwenden. Man sieht also, daß die Transportgeschwindigkeit bei gleicher Einspeisegeschwindigkeit und gleicher Trägergasgeschwindigkeit vom Rohrdurchmesser abhängig ist.

Die Druckverhältnisse, wie sie in der Abb. 28 skizziert sind, entsprechen dem eingefahrenen Zustand. Werden die Teilchen mit der Geschwindigkeit Null eingespeist, so müssen sie erst beschleunigt werden. Dies erfordert einen zusätzlichen Kraft- bzw. Druckaufwand. Die Beschleunigung eines aufwärtsbewegten Teilchens setzt sich aus 3 Termen zusammen, die sich gemäß der Beziehung, daß die Beschleunigung b gleich Kraft/Masse ist, berechnen lassen. Es ergibt sich für ein einziges kugelförmiges Teilchen:

$$b = \frac{3}{4} C \frac{\varrho}{\varrho_f} \frac{(\Delta v)^2}{d} - g - \frac{\lambda v_f^2}{D}. \quad (41)$$

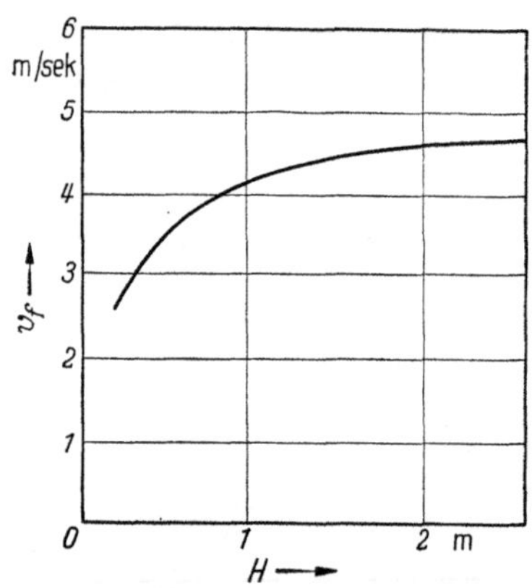

Abb. 29. Anlaufvorgang für die Eigengeschwindigkeit pneumatisch geförderter Sandteilchen von 0,5 mm Durchmesser, Trägergasgeschwindigkeit etwa 9 m/sek

Das erste Glied wird durch den Schub der Gasströmung hervorgerufen, während das zweite und dritte Glied durch die Erdbeschleunigung bzw. durch die Reibung hervorgerufen werden.

Durch graphische Integration läßt sich aus der Beschleunigung die Teilchengeschwindigkeit in Abhängigkeit von der Flugzeit oder von der zurückgelegten Entfernung ermitteln.

Abb. 29 zeigt, wieder nach Hariu und Molstad, den Anlaufvorgang der Partikelbewegung. Erst nach etwa 2 m Steighöhe haben die Teilchen annähernd ihre Gleichgewichtsgeschwindigkeit erreicht.

Gemäß Gl. (34) ist bei konstanter Einspeisung mit der Zunahme der Teilchengeschwindigkeit auch eine Abnahme der Feststoffkonzentration verbunden. Es bildet sich also ein Dichtegefälle von unten nach oben aus.

Bei sehr kleinen Materialgeschwindigkeiten wird danach die Konzentration sehr hoch, bei $v_f = 0$ sollte sie sogar unendlich werden. Es wird aber vorher eine Entmischung eintreten, so daß die abgeleiteten

Ausdrücke, die für eine homogene Suspension gedacht sind, nicht mehr gelten. Man tritt damit in das Gebiet der Stopfgrenze ein.

Nach BARTH [27] gilt für die Stopfgrenze:

$$\frac{\mu}{\left(\frac{v^2}{D g}\right)^2} = \text{const}\,, \tag{42}$$

(D = Rohrdurchmesser).

Diese ist lediglich eine Funktion der auf den Rohrdurchmesser bezogenen FROUDEschen Zahl und der Materialaufladung und wäre demgemäß von der Natur der Teilchen unabhängig. Um den Stopfvorgang zu vermeiden, hat man also nach Gl. (42) bei weiteren Rohren mit einer größeren Gasgeschwindigkeit zu arbeiten. In Abb. 30 ist diese Beziehung für die Förderung von Weizen, allerdings in einem horizontalen Förderrohr, mit verschiedenen experimentellen Ergebnissen verglichen.

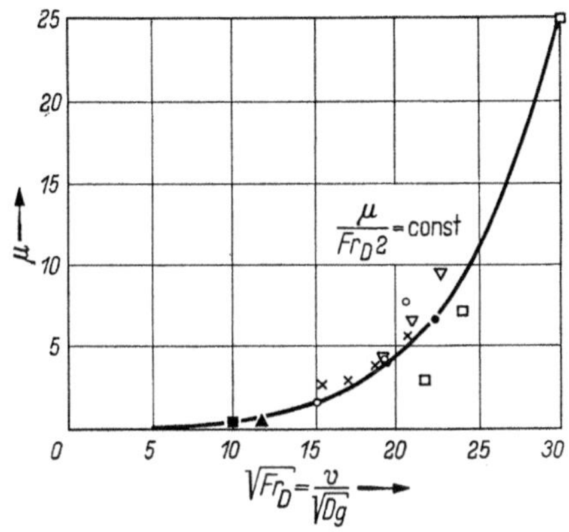

Abb. 30. Abhängigkeit der Stopfgrenze von der Materialbeladung und von Fr_D bei der Förderung von Weizen in horizontalen Rohrleitungen (nach BARTH [27])

Nun ist es möglich, mit der Materialbeladung bis auf Werte von 50 und höher zu gehen. In der Anlaufstrecke, welche sich bis zu Höhen von einigen Metern erstrecken kann, erreicht man dann sehr hohe Feststoffkonzentrationen von 200 bis 300 kg/m³. Dies ist etwa 1/3–1/4 der in der dichten stationären Wirbelschicht üblichen Konzentration. Die Teilchenbahnen verlaufen in einer solchen dichten Flugstaubwolke nicht mehr geradlinig, sondern es tritt eine durchmischendeBewegung auf.

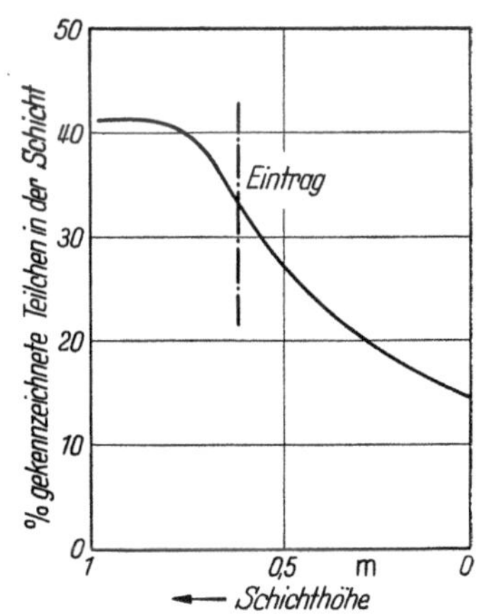

Abb. 31. Rückmischung von gekennzeichneten Partikeln in einer wirbelnden Flugstaubwolke

Trägt man z. B. seitlich in eine solche Suspension gekennzeichnete Teilchen ein, so lassen sich diese auch auf eine weite Strecke stromab feststellen, ein Zeichen dafür, daß auf- und absteigende Bewegungen der Partikel vorkommen.

Als Beispiel für die Rückmischung möge Abb. 31 nach GILLILAND [28] dienen. In die obere Hälfte eines Rohres, welches eine hochsteigende, wirbelnde Katalysatorsuspension enthielt, wurden mit Kochsalzlösung getränkte Katalysatorteilchen eingespeist. In verschiedenen Höhen wurde Material abgezogen und auf den Gehalt an Salz analysiert. Die gekennzeichneten Teilchen sind also auch gegen den Materialstrom gewandert. In einer stationären Wirbelschicht hätte man allerdings ein wesentlich flacheres Profil gefunden.

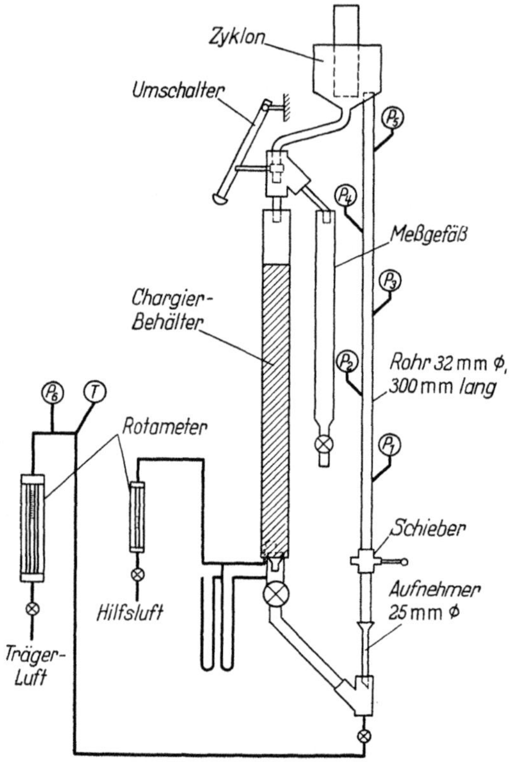

Abb. 32. Versuchsapparatur zur Erzeugung wirbelnder Flugstaubwolken (nach LEWIS und Mitarbeitern [17])

Die Apparaturen zur Erzeugung solcher wirbelnder Flugstaubwolken sind durch die Notwendigkeit, dauernd Feststoff zuzuführen und wieder vom Trägergas zu trennen, etwas komplizierter als der einfache Schacht, in dem sich eine stationäre Wirbelschicht erzeugen läßt.

Die Abb. 32 stellt eine von LEWIS, GILLILAND und BAUER [17] benutzte Versuchsanordnung dar. Aus dem Vorratsbehälter lassen sich mit Hilfe eines Hilfsluftstromes verschiedene Feststoffeinspeisegeschwindigkeiten einstellen. Über einen Zyklon gelangt das Wirbelgut wieder in den Vorratsbehälter zurück. Die Rückflußleitung kann auch an ein Meßgerät angeschlossen werden, in dem man den Durchsatz (Eintrag = Austrag) feststellen kann. Durch Schließen des Schiebers vor dem Wirbelschichtrohr fällt das in der Schicht suspendierte Material zu Boden und erlaubt dadurch die Messung der Feststoffkonzentration. Aus Schichtkonzentrationen und Einspeisegeschwindigkeit läßt sich nach Gl. (34) auch die mittlere Eigengeschwindigkeit der Partikel berechnen. Die Festkörperkonzentration $\varrho_f(1-\varepsilon)$ in der Blaswolke ist nun von der Einspeise- und Gasgeschwindigkeit abhängig. Den experimentell gefundenen Zusammenhang dieser 3 Größen zeigt Abb. 33 nach LEWIS und Mitarbeitern für Glaskugeln mit 0,285 mm Durchmesser. Bei zu hoher Einspeisung oder zu geringer Geschwindigkeit erreicht man die Stopfgrenze. Für die Gasgeschwindigkeit von 3,33 m/sek dürfte diese bei $G = 190$ kg/sek auftreten. Man hat hierbei eine Materialbeladung von $190/3{,}33 \cdot 1{,}2 = 48$ gemäß Gl. (35). Die FROUDEsche Zahl v^2/Dg beträgt $333^2/3{,}2 \cdot 981 = 35{,}3$ bzw. $v/\sqrt{Dg} = 5 \cdot 94$. Durch Vergleich mit der Abb. 30 für die Stopfgrenze nach BARTH erkennt man, daß die hiernach zu erwartende Materialbeladung außerordentlich geringer ist. Doch scheint der allgemeine Verlauf von Gl. (41) zutreffend zu sein, wenn man einen etwa 1600mal größeren Wert der Konstanten verwendet.

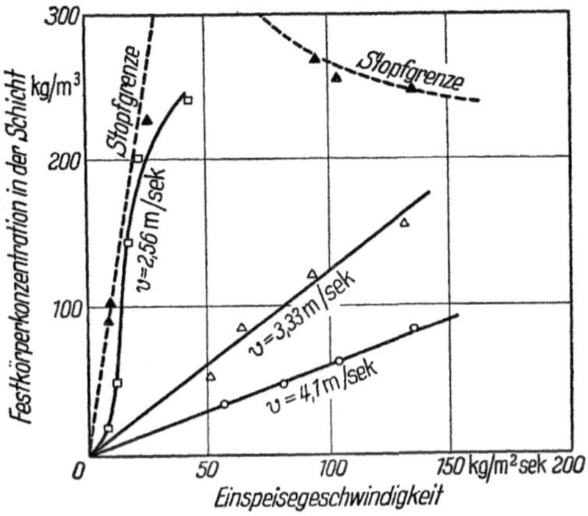

Abb. 33. Abhängigkeit der Festkörperkonzentration in einer wirbelnden Flugstaubwolke von der Einspeisegeschwindigkeit bei verschiedenen Trägergasgeschwindigkeiten. Als Wirbelgut wurden Glaskugeln mit 0,285 mm Durchmesser verwendet

Aus dem Vergleich der Einspeisegeschwindigkeit und der resultierenden Schichtkonzentration findet man, daß die Teilchen gegenüber dem Gasstrom erheblich verzögert sind. In Abb. 34 ist die Abhängigkeit der Schlupfgeschwindigkeit von G_f für verschiedene Gasgeschwindigkeiten für Glaskugeln mit 0,1 mm Durchmesser dargestellt. Bei geringer Einspeisung nähert sich Δv der Schwebegeschwindigkeit. Werte von $\Delta v > v_s$ traten bei den Versuchen von LEWIS und Mitarbeitern jedoch nur bei Teilchen unter 0,5 mm Durchmesser auf, und zwar war $\Delta v/v_s$ bei kleinen Teilchen am größten. Über einen Korndurchmesser von 0,5 mm war stets Δv gleich v_S.

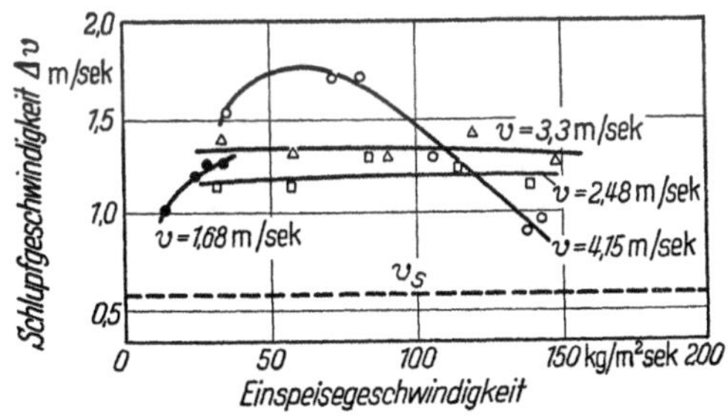

Abb. 34. Abhängigkeit der Schlupfgeschwindigkeit von der Einspeisegeschwindigkeit und der Trägergasgeschwindigkeit in einer wirbelnden Flugstaubwolke für Glaskugeln von 0,1 mm Durchmesser

Allerdings sind diese Messungen von Δv nicht als exakt zutreffend anzusehen. Als Feststoffkonzentration wurde lediglich der Mittelwert über die ganze Schicht gemessen und der Berechnung von v_f zugrunde gelegt.

MICKLEY und TRILLING [29] haben die Konzentrationsverteilung gemessen. Sie verwendeten ein Versuchsrohr mit 73 mm Durchmesser, auf welches eine starke Erweiterung aufgesetzt war. In dieser wurden die

Teilchen abgebremst und rieselten in die Wirbelschicht zurück. Die Meßergebnisse für 2 Luftgeschwindigkeiten und Glaskugeln von 0,1 mm Durchmesser als Wirbelgut sind in Abb. 35 dargestellt.

Bei der langsamen Gasgeschwindigkeit, welche praktisch in der Nähe der Schwebegeschwindigkeit eines einzelnen Teilchens liegt, resultiert durch die Rückführung eine sehr dichte Suspension. Aber auch bei der etwa dreimal höheren Geschwindigkeit erhält man am Fußpunkt der Wolke noch Teilchenkonzentrationen, die einem Hohlraumanteil von etwa 0,75 entsprechen.

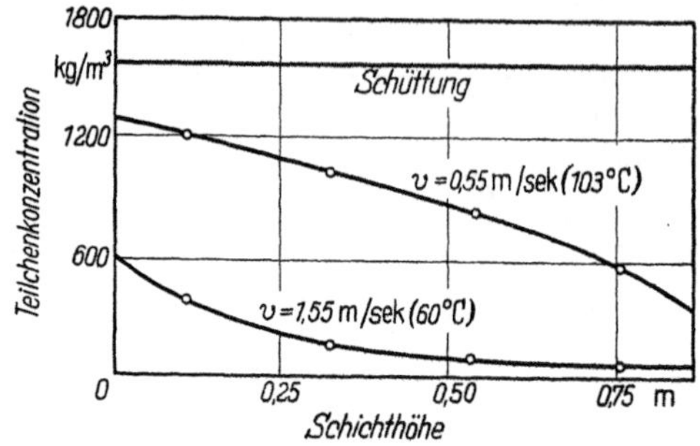

Abb. 35. Konzentrationsgefälle in zirkulierenden Wirbelschichten (nach MICKLEY und TRILLING [29])

2.6 Zustandsdiagramme von Festkörper-Gas-Systemen

Es besteht eine formale Ähnlichkeit zwischen einem festen Körper, der beim Überschreiten der Schmelztemperatur in eine Flüssigkeit übergeht, und einem durchströmten Haufwerk, welches durch Vergrößern der Geschwindigkeit über die Lockerungsgeschwindigkeit in eine flüssigkeitsähnliche Wirbelschicht übergeführt werden kann. Die Analogie geht sogar noch weiter, denn die Wirbelschicht zeigt bei weiterer Steigerung der Geschwindigkeit den Übergang zur Flugstaubwolke, die man mit der Dampfphase vergleichen kann. In Abb. 36 (nach GINNES [30]) sind, um diese Ähnlichkeit zu zeigen, der Phasenübergang vom Festkörper zur Schmelze und zum Dampf sowie der Übergang von einer Schüttung zur dichten Wirbelschicht und zur Flugstaubwolke durch die jeweilige Dichte charakterisiert, einmal für das Schmelzen und Verdampfen einer festen Substanz in Abhängigkeit von der Temperatur, das andere Mal für das

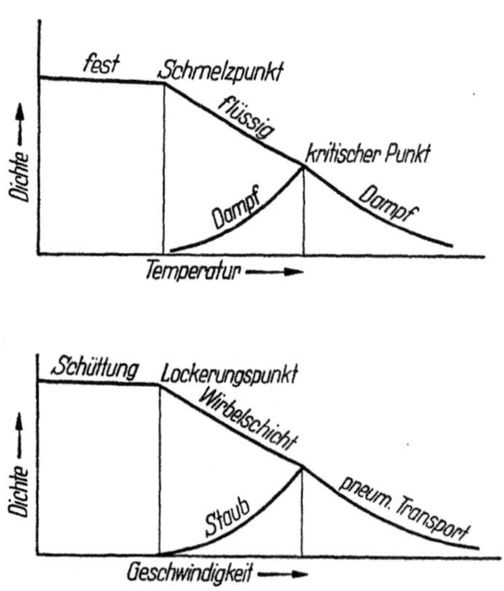

Abb. 36. Ähnlichkeit zwischen Schmelzen und Verdampfen mit dem Übergang einer Schüttung in die Wirbelschicht und der Flugstaubbildung

Lockern und Hochblasen einer Festkörperschüttung in Abhängigkeit von der Gasgeschwindigkeit, dargestellt.

Für Festkörper-Gas-Systeme kann man an Stelle der Dichte auch den Druckverlust als Parameter wählen, und es ergibt sich die Möglichkeit, in einem solchen Δp-v-Diagramm die verschiedenen Zustände, die ein Trägermedium-Festkörper-System annehmen kann, darzustellen. Als Beispiel sei die Abb. 37 nach ZENZ [*31*] gebracht. Der Druckverlust und die

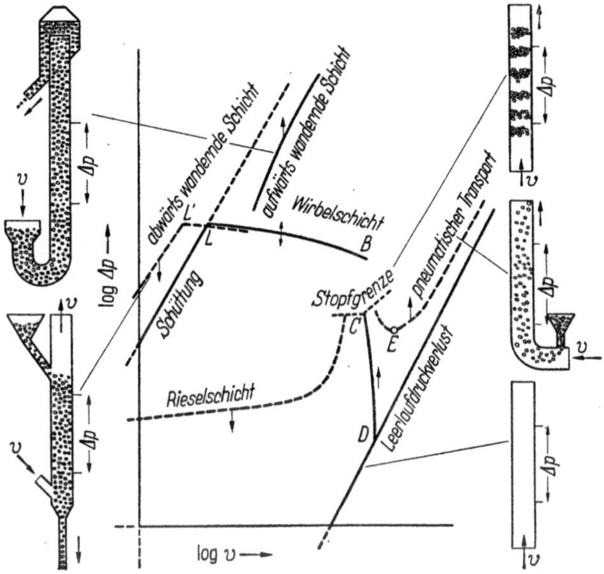

Abb. 37. Wirbelschichtzustandsdiagramm (nach ZENZ [*31*])

Geschwindigkeit sind hier im logarithmischen Maßstab dargestellt, so daß der Nullpunkt nicht eingezeichnet werden kann. Die verschiedenen Zustände sollen in einem Rohr realisiert werden, das 2 Druckmeßstellen, p_1 und p_2 hat, über welche Δp gemessen werden kann. Wird das Rohr lediglich vom Gas durchströmt, so tritt mit wachsender Gasgeschwindigkeit ein immer höherer Druckverlust auf, der im Zustandsdiagramm als Leerlaufdruckverlust bezeichnet wurde. Im turbulenten Bereich, welcher hier eingezeichnet ist, entsteht eine Gerade mit einer Steigung 2:1.

Bringt man nun unterhalb der Druckmeßstellen ein Tragnetz an und füllt eine Schicht von Körnern in das Gefäß, so wird der Druckverlust höher sein als beim leeren Rohr, und man erhält die mit Schüttung bezeichnete Linie, welche im turbulenten Gebiet annähernd mit der gleichen Steigerung wie die Leerlauflinie verlaufen wird. Ist die Schüttung oben durch ein zweites Netz festgehalten, so läßt sich die Gasgeschwindigkeit unter entsprechendem Druckanstieg auf hohe Werte vergrößern, ohne daß sich der Zustand der Schüttung ändert. Wird die Schicht aber nicht festgehalten, so tritt beim Erreichen der Lockerungsgeschwindigkeit beim Punkte L der Übergang in die Wirbelschicht auf. Bei weiterem Erhöhen der Gasgeschwindigkeit bleibt der Druck über die gesamte Höhe der Wirbelschicht, wie bereits bekannt, konstant. Da aber die Meßstrecke nur einen Teil der sich expandierenden Schicht erfaßt, wird ein leichtes Absinken auftreten. Können sich so große Blasen ausbilden, daß sie den ganzen Rohrquerschnitt einnehmen, so werden Pfropfen des Wirbelgutes in Form von Stoßsendungen hochgeschleudert, und man gelangt etwa beim Punkte B in ein instabiles Gebiet, in dem Druckmessungen nicht mehr möglich sind. Vergrößert man die Gasgeschwindigkeit noch weiter, so wird, falls noch Wirbelgut im Rohr verblieben ist, dieses ausgeblasen. Bei nicht ganz gleichmäßiger Korngröße werden erst die feinsten und bei weiterer Erhöhung der Gasgeschwindigkeit auch die gröbsten Teilchen mitgerissen. Bei diesem Vorgang bewegt man sich auf der Linie DC. Im Punkte D hat man jenen Zustand erreicht, in dem gerade noch das letzte Teilchen des Wirbelgutes schwebend im Apparat verbleiben kann, und man stößt auf die Leerlaufsdruckverlustlinie. Führt man nun frisches Material kontinuierlich zu und erhöht die Geschwindigkeit um einen weiteren Betrag, etwa bis zum Punkte E, so wird das Gut vom Gasstrom weggeführt. Der Druckverlust verläuft annähernd parallel zur Leerlaufslinie, er ist aber, je nachdem wieviel Feststoff gefördert wird, entsprechend höher. Bei Geschwindigkeiten, die unterhalb des Punktes E liegen, vermag bei genügend hoher Einspeisung unter Umständen das Trägergas den Feststoff nur langsam wegzufördern, und die Feststoffdichte, dementsprechend auch der Druckverlust, steigt an. Man kann die Geschwindigkeit nur wenig geringer machen als dem Punkte E entspricht, denn sonst gerät man wieder in das instabile Gebiet der Stopfvorgänge und Stoßsendungen.

Entfernt man nun den Tragrost aus dem Apparat und läßt von oben kontinuierlich den Feststoff gegen das anströmende Trägergas zufließen, so erhält man eine Rieselschicht. Bei geringen Gasgeschwindigkeiten fällt diese praktisch nach unten durch. Der Druckverlust wird aber durch die Verringerung des Strömungsquerschnitts gegen den Leerlauf erhöht. Nähert man sich der Schwebegeschwindigkeit der Partikel, so wird die Rieselschicht aufgestaut, bis man wieder in das Gebiet der Stoßsendungen kommt. Hierbei steigt der Druckverlust an, und es ist möglich, vor dem instabilen Gebiet freischwebende, wirbelnde Suspensionen, die nach unten die Partikel ausregnen lassen, zu erzielen.

Wird das oben zufließende Gut mechanisch durch Einbau eines Ventils im unteren Teil des Apparates aufgestaut, so ergibt sich eine gasdurchströmte Wanderschicht. Die entsprechende Druckverlustkurve verläuft parallel zur Druckverlustkurve der Schüttung. Sie liegt aber etwas höher, da durch die Marschgeschwindigkeit der Partikel eine höhere Relativgeschwindigkeit herrscht. Erreicht diese den Lockerungswert, so beginnt die Wanderschicht zu wirbeln, und man hat eine Wirbelschicht mit kontinuierlichem Materialzulauf und -ablauf. Verhindert man durch irgendwelche Maßnahmen die Ausdehnung der Schicht und bringt in dem oberen Teil der Säule einen Auslauf an, so kann man ein Aufwärtswandern der Partikel erreichen. Der Druckverlust ist dann größer als in der Wirbelschicht und erhöht sich mit wachsender Gasgeschwindigkeit.

Als weiteres Beispiel für die Anwendung eines Δp-v-Zustandsdiagrammes seien die Kennlinien für die in Kap. 1 geschilderten, freischwebenden Wirbelschichten in diffusorartigen Wirbelkammern in Abb. 38 dargestellt. Im oberen Teil dieses Diagramms sind zum Vergleich die Verhältnisse beim Aufstauen und Wegblasen einer Rieselschicht in einem zylindrischen Rohr, welche von WILHELM und VALENTINE [32] untersucht wurden, eingezeichnet. Bei niedrigen Gasgeschwindigkeiten fallen die Teilchen nach unten durch, bei höheren Geschwindigkeiten werden sie aber zu einer wirbelnden Suspension aufgestaut. Dann schließt sich das instabile Gebiet an, welchem der pneumatische Transport folgt. Da in Abb. 38 mit einer linearen Skala gearbeitet wird, sind die Kurven gegenüber der Abb. 37, welche im logarithmischen Maßstab ge-

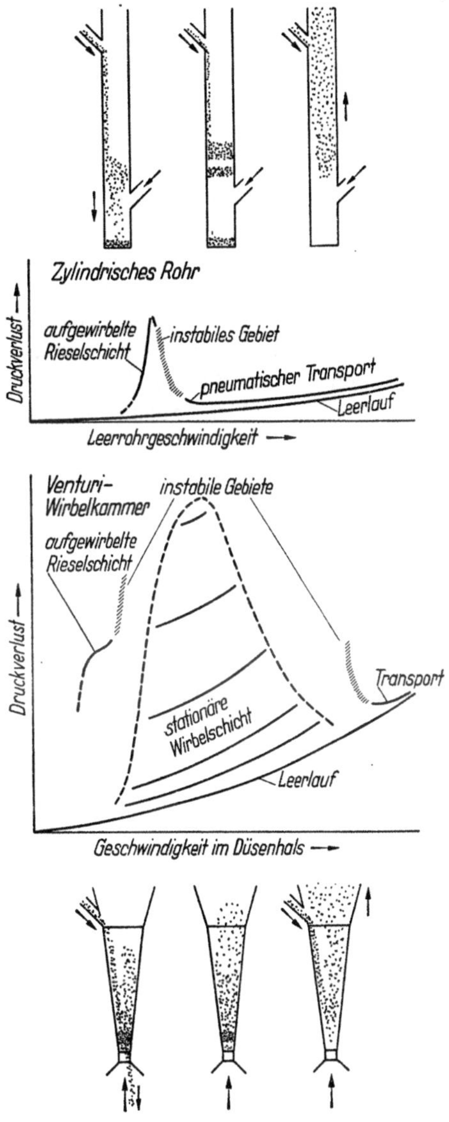

Abb. 38. Druckverlust-Geschwindigkeits-Zustandsdiagramm für Gas-Festkörper-Suspensionen in einem zylindrischen Rohr und in einem diffusorartigen Wirbelgefäß

zeichnet war, etwas verschieden. Es sei noch erwähnt, daß ähnlich wie bei pneumatischer Förderung auch hier das Eintreten des Aufstau- und Stopfvorganges vom Rohrdurchmesser abhängig ist.

Der untere Teil des Diagramms befaßt sich dann mit dem Aufstauen einer Rieselschicht in einem diffusorartigen Wirbelgefäß. Bei geringen Gasgeschwindigkeiten erhält man bei dauernder Materialzufuhr wirbelnde Suspensionen, aus denen Teilchen laufend nach unten ausregnen. Bei sehr hohen Gasgeschwindigkeiten, bei denen die Schwebegeschwindigkeit auch im erweiterten Teil des Apparates überschritten wird, kommt man in das Gebiet des pneumatischen Transports. Die Höhe des Druckverlustes wird durch die Einspeisungsgeschwindigkeit bestimmt.

Zwischen den beiden Abschnitten eröffnet sich hier aber ein neues Gebiet, in dem ein einmal eingebrachtes Gut dauernd ohne Nachspeisung im Apparat verbleibt und welches von instabilen Gebieten begrenzt ist. Bei der Steigerung der Gasgeschwindigkeit ändert sich der Druckverlust annähernd parallel zur Leerlaufslinie. Je mehr Wirbelgut im Apparat aufgespeichert ist, desto höher ist der jeweilige Druckverlust. Es existiert eine maximale Wirbelgutmenge, die ein gegebenes Wirbelgefäß gerade noch tragen kann. Im Maximum ist allerdings die Variationsmöglichkeit für die Geschwindigkeit nicht mehr gegeben, und bei Vergrößerung der Gasgeschwindigkeit wird nach oben, bei Verringerung nach unten ausgetragen, wobei Stopfvorgänge auftreten und man in das instabile Gebiet eintritt.

Ein Zustandsdiagramm für Gas- oder Flüssig-Festkörper-Suspensionen, welches sich auch für eine quantitative Auswertung eignet, erhält man, wenn man die Vorgänge in einem Diagramm betrachtet, dessen Achsen die FROUDEschen und REYNOLDSschen Zahlen bilden. Betrachtet man die verallgemeinerte Formel für die Lockerungsgeschwindigkeit, welche sich durch Kombination der Gln. (1) und (11) ergibt

$$v_L^2 = \varepsilon_L^3 \frac{\varrho_f - \varrho}{\varrho} d_K g \frac{1}{\psi},$$

so läßt sich diese auch auf die Form

$$Fr_L = \varepsilon_L^3 \frac{\varrho_f - \varrho}{\varrho} \frac{1}{\psi} \tag{43}$$

bringen. Das Auftreten der Lockerung gehorcht also sowohl der FROUDEschen als auch der REYNOLDSschen Ähnlichkeit. Auf dieselbe Weise erhält man weiterhin für die FROUDEsche Zahl am Schwebepunkt für ein isoliertes Teilchen den Ausdruck

$$Fr_S = \frac{4}{3} \frac{\varrho_f - \varrho}{\varrho} \frac{1}{C}. \tag{44}$$

Die beiden Funktionen sind nun in Abb. 39 dargestellt. Im oberen Teil gelten sie für Wirbelgut mit der Dichte $\varrho_f = 2$ g/cm³ und einer Lockerungsporosität ε_L von 0,45. Das Trägergas soll eine Dichte $\varrho = 1{,}2 \cdot 10^{-3}$ g/cm³ besitzen, und seine kinematische Viskosität ν soll 0,15 cm²/sek betragen. Diese Verhältnisse gelten also ungefähr für Glaskugel-Luft-Wirbelschichten bei Raumtemperatur. Im unteren Teil des Diagramms ist die Lockerungs- und Schwebekennlinie für denselben Festkörper, aber ein Trägermedium mit der Dichte $\varrho = 1$ g/cm³ und einer kinematischen Zähigkeit von 0,01 cm²/sek, eingezeichnet.

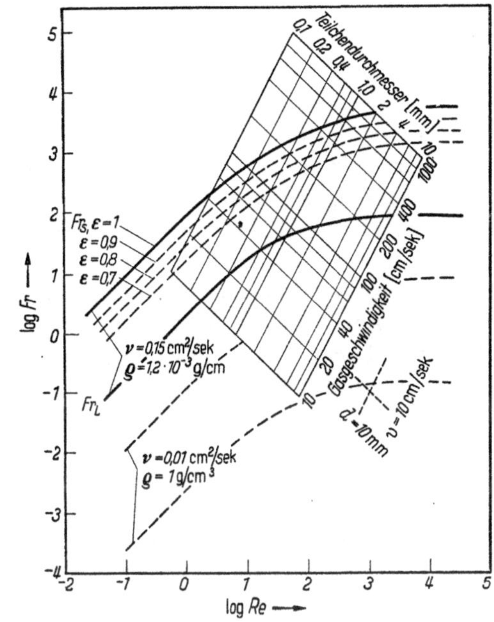

Abb. 39. Wirbelschichtzustandsdiagramm im *Fr*-*Re*-System. Im oberen Teil des Diagramms ist das Zustandsgebiet für ein System mit $\varrho = 1{,}2 \cdot 10^{-3}$ g/cm³, $\nu = 0{,}15$ cm²/sek und $\varrho_f = 2{,}0$ g/cm³ eingezeichnet. Im unteren Teil mit unterbrochenen Linien gezeichnet ist das Zustandsgebiet für ein Trägermedium mit $\varrho = 1$ g/cm³ und $\nu = 0{,}01$ cm²/sek, sowie $\varrho_f = 2$ g/cm³ angedeutet

Unterhalb der Lockerungskennlinie befindet man sich im Gebiet einer Schüttung oder einer dichten Wanderschicht. Oberhalb der Schwebekennlinie werden alle Partikel vom Gasstrom mitgeführt. Innerhalb der beiden Begrenzungslinien liegt dann das Gebiet der stationären Wirbelschicht.

Nun läßt sich auch der geometrische Ort aller möglichen Zustände, die ein Partikel oder eine Reihe von Partikeln mit dem Durchmesser d_K einnehmen können, leicht ermitteln. Es müssen nämlich folgende simultanen Bedingungsgleichungen gelten:

$$v = \sqrt{\frac{Fr}{g\, d_K}}\,, \qquad v = Re\,\frac{\nu}{d_K}\,.$$

Daraus ergibt sich:

$$Fr = Re^2\,\frac{\nu^2}{d_K^3\, g}$$

oder

$$\log Fr = 2 \log Re + \log \frac{\nu^2}{d_K^3\, g}\,. \tag{45}$$

In einem logarithmisch geteilten *Fr*-*Re*-Diagramm liegen also alle diese Zustände auf einer Geraden.

Analog findet man für die Zustandslinien, bei denen die Geschwindigkeit konstant bleibt

$$\log Fr = -\log Re + \log \frac{v^3}{\nu g} . \tag{46}$$

Diese sind wieder Geraden, welche die Linien konstanten Teilchendurchmesser kreuzen. Auf diese Weise erhält man schließlich ein neues d_K-v-Achsensystem, welches jeweils für eine bestimmte kinematische Zähigkeit gilt. In Abb. 39 ist dieses Achsensystem für die Gaswirbelschichten eingezeichnet.

Nun ist man bereits imstande, für jede beliebige Teilchengröße die Lockerungsgeschwindigkeit für die Schüttung und die Schwebegeschwindigkeit eines isolierten Partikels aufzufinden. Eine Schüttung aus Teilchen mit 1 mm Durchmesser beginnt sich bei 65 cm/sek zu lockern. Dieselbe Lockerungsgeschwindigkeit findet man auch, wenn gröbere Teilchen vorhanden sind, doch müssen diese durch feinere sozusagen auskompensiert werden, damit der mittlere Durchmesser etwa gemäß Gl. (13) wieder den Wert von 1 mm ergibt.

Bei einer Gasgeschwindigkeit von 1 m/sek befinden sich einheitliche Teilchen oder Gemische mit einem (mittleren) Durchmesser von 1 mm bereits im Wirbelschichtgebiet. Für Teilchen, welche kleiner sind als 0,16 mm, ist die Schwebegeschwindigkeit bereits überschritten, und sie werden aus der Schicht ausgeblasen. In das Diagramm der Gaswirbelschichten sind auch einige Schwebekennlinien für vergesellschaftete Teilchen gemäß Gl. (20) eingetragen. In der *Fr*-*Re*-Schreibweise lautet diese

$$Fr_{S,\varepsilon} = \frac{4}{3}\,\varepsilon^{4,65}\,\frac{\varrho_f - \varrho}{\varrho}\,\frac{1}{C} . \tag{47}$$

Betrachtet man nun eine Ansammlung von Teilchen mit einem Durchmesser von 0,1 mm, so wird sich bei einer Geschwindigkeit von 25 cm/sek eine Wirbelschicht mit einem mittleren Hohlraumanteil von 0,9 ausbilden. Wird mehr Wirbelgut eingespeist, so daß die Teilchenkonzentration einem Hohlraum von 0,8 entsprechen würde, so wird sich die Suspension nach oben bewegen, weil die Gleichgewichtsbedingung hierfür eine Geschwindigkeit von etwa 15 cm/sek erfordert, welche aber überschritten ist.

Im unteren Teil des Diagrammes ist dann das Zustandsgebiet einer Wasserwirbelschicht angedeutet. Hier sind die FROUDEschen Zahlen um etwa 3 Größenordnungen kleiner als in Luftwirbelschichten. Die Inhomogenität von Wirbelschichten ist nun eine Funktion der FROUDEschen Zahl. Nach TRAWINSKY [*20*] kann man den Inhomogenitätsgrad als Produkt von relativem Blasenvolumen (bezogen auf den Teilchendurchmesser) mit ihrer relativen Aufenthaltsdauer (bezogen auf die Verweilzeit des Trägermediums) definieren. Es ergibt sich hierfür ein Ausdruck von der Form

$$\sim Fr_L \varrho_R f\left(\frac{v}{v_L}\right),$$

(ϱ_R = Reibungsbeiwert),

also eine Proportionalität mit *Fr*. Bei Wasserwirbelschichten ist die FROUDEsche Zahl so klein, daß Inhomogenitäten praktisch nicht mehr auftreten. Bei FROUDEschen Zahlen von etwa 100 dürften aber die Bedingungen für so starke Blasenbildung auftreten, daß die Wirbelschicht instabil werden kann.

3. Transportvorgänge in Wirbelschichten

3.1 Wärmeübergang zwischen Grenzfläche und Wirbelschicht

Die Temperatur einer ruhenden Schüttung läßt sich durch indirektes Heizen oder Kühlen nur langsam beeinflussen. Nur wenig besser sind die Wärmeübertragungsverhältnisse in einer Wanderschicht. Wohl aber ist die Wirbelschicht zur Wärmeübertragung sehr geeignet. Sobald man durch die Schüttung so viel Gas durchbläst, daß die Lockerungsgeschwindigkeit überschritten wird, steigt die über eine Heiz- oder Kühlfläche übertragene Wärmemenge um ein Mehrfaches an. Die Temperaturverteilung ist hierbei innerhalb der Schicht praktisch gleichmäßig. Erst in unmittelbarer Nähe der Austauscherfläche geht die Schichttemperatur steil in die Temperatur der Wand über. Ist diese Temperatur ϑ_w und die Temperatur der Wirbelschicht ϑ_s, so ergibt sich die in der Zeiteinheit übergegangene Wärmemenge:

$$Q = \alpha F \Delta\vartheta, \qquad (48)$$

$$\Delta\vartheta = \vartheta_w - \vartheta_s \quad \text{für Heizen,}$$

$$\Delta\vartheta = \vartheta_s - \vartheta_w \quad \text{für Kühlen.}$$

Hierin bedeutet α die Wärmeübergangszahl, welche man in der deutschen Literatur in Kcal/m² h °C angibt. Sie ist meist eine sehr komplizierte Funktion der Eigenschaften des betrachteten Systems, und es kann durchaus möglich sein, daß für Heizen andere α-Werte als für Kühlen auftreten. Zur ungefähren Orientierung sei erwähnt, daß man beim Wärmeaustausch zwischen einer Wand und einem Gas α-Werte von der Größe 10 Kcal/m² h °C und zwischen einer Wand und einer Flüssigkeit etwa 100mal größere Werte findet. Für eine dichte Wirbeldichte sollte man Beträge für α finden, welche zwischen diesen beiden Grenzen liegen.

Dies ist tatsächlich der Fall. Abb. 40 a u. b zeigt z.B. die Wärmeübergangszahl von einem waagerechten Heizrohr auf eine Sandwirbelschicht mit verschiedenen Korngrößen und Luft als Trägergas. Das Heizrohr hatte 15 mm Durchmesser, der Schachtquerschnitt betrug 85 $\times$ 120 mm. Der Heizer befand sich 80 mm über dem Tragrost. Die Oberflächentemperatur des Heizers betrug 110 °C, und die Temperatur der Wirbelschicht lag bei den einzelnen Messungen zwischen 19 und 26 °C. Die Schichthöhe am Lockerungspunkt betrug 140 mm. Über dem Schacht hatte der Versuchsapparat eine große Erweiterung, so daß eine starke Rückflußwirkung auftrat und Messungen bis zu hohen Ausdehnungen der Schicht durchgeführt werden konnten. Das visuell gemessene Ausdehnungsverhältnis H/H_L ist im unteren Teil des Diagrammes aufgetragen.

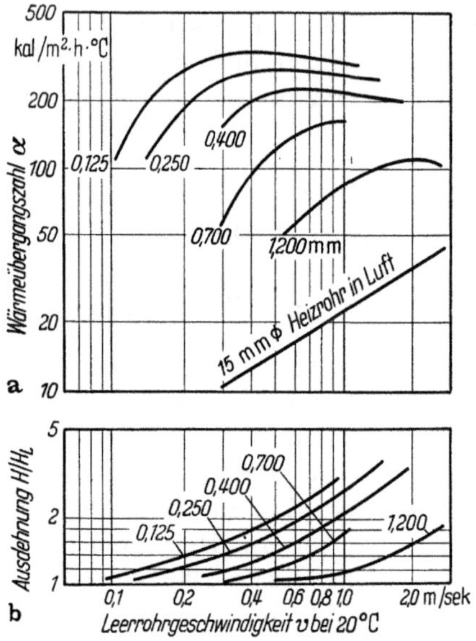

Abb. 40a u. b. Abhängigkeit der Wärmeübergangszahl zwischen einer Sandwirbelschicht und einem waagerechten Heizrohr von der Gasgeschwindigkeit (a). Im Teil b) des Diagramms ist die relative Schichtausdehnung mit eingezeichnet

Die Wärmeübergangszahl ist vom Korndurchmesser des Wirbelgutes abhängig und nimmt mit kleineren Durchmessern zu. Weiterhin steigen die α-Werte mit der Gasgeschwindigkeit zuerst an und sinken, nachdem sie ein Maximum durchlaufen haben, wieder ab. Es liegt nahe, diese Verminderung mit der zunehmenden Schichtexpansion in Verbindung zu bringen. Die Versuchspunkte lassen sich tatsächlich durch die Relation

$$\alpha \sim \left(v \frac{H_L}{H}\right)^{0,3} d^{-0,7}$$

ungefähr zusammenfassen.

Für den Wärmeübergang zwischen der geheizten Schachtwand und einer Wirbelschicht fanden z.B. Mikley und Trilling [*29*] einen sehr ähnlichen Ausdruck, nämlich

$$\alpha \sim [v(1-\varepsilon)\,\varrho_f]^{0,263}\, d^{-0,79}.$$

An Stelle von H_I/H ist hierbei lediglich die Teilchenkonzentration in der Wirbelschicht $(1-\varepsilon)\,\varrho_f$ gesetzt worden. Beide Ausdrücke sind aber gemäß $\frac{H_L}{H} = \frac{1-\varepsilon}{1-\varepsilon_L}$ für eine bestimmte Wirbelschicht einander proportional. Dieselben Autoren haben auch den Wärmeübergang von einem axial angebrachten rohrartigen Heizer (Durchmesser 12,5 mm, Schachtdurchmesser 73 mm) gemessen. Diese Untersuchungen, welche bei hohen Gasgeschwindigkeiten, die die Schwebegeschwindigkeit überschritten, durchgeführt wurden, erstrecken sich dadurch auch in das Gebiet der zirkulierenden Wirbelschicht. Die Ergebnisse sind zusammen mit dem Mittelwert der Teilchenkonzentration im Schacht in Abb. 41a u. b dargestellt. Hier hat man die Fortsetzung der α-Werte aus der vorigen Abbildung in das Gebiet höherer Trägergasgeschwindigkeit vor sich. Es ergab sich

$$\alpha \sim [(1-\varepsilon)\,\varrho_f]^{0,476}\,d^{-0,714}.$$

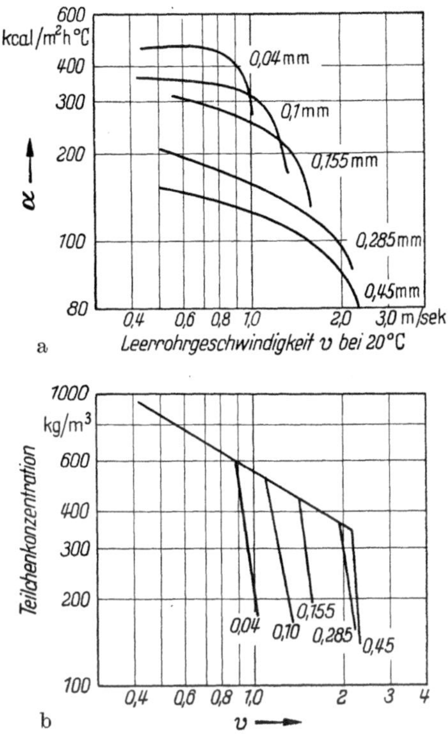

Abb. 41a u. b. Abhängigkeit der Wärmeübergangszahl von der Gasgeschwindigkeit von Glaskugelwirbelschichten zu einem vertikalen Heizrohr (a). Im Teil b) des Diagramms ist die jeweilige mittlere Teilchenkonzentration in der Wirbelschicht dargestellt (nach MICKLEY und TRILLING [29])

Bei diesen relativ dünnen Wirbelschichten mit Rückführung genügt also bereits die Angabe der Teilchenkonzentration, um auch den Geschwindigkeitseinfluß zu beschreiben.

Für geringere Teilchengrößen und dichte stationäre Wirbelschichten haben LEVA und GRUMMER [33] eine sehr einfache Gleichung gefunden, welche die Wärmeleitfähigkeit λ des Trägergases enthält.

$$\alpha = 1{,}17 \cdot 10^7\,\lambda\,d\left(Re\,\frac{m-1}{m}\cdot\frac{H_L}{H}\right)^{0,6}, \qquad (49)$$

(d in mm, λ in cal/cm sek °C).

Der Ausdruck $\frac{m-1}{m}$ stellt die von LEVA eingeführte „Wirbelwirksamkeit“ dar, wobei m der Exponent der Gl. (19) ist, also die Abweichung von der CARMAN-KOZENY-Gleichung für die Expansion von Schüttungen, welche zu wirbeln beginnen, mißt. Aus der Abhängigkeit von m vom Korndurchmesser (Abb. 17) geht allerdings hervor, daß bei $d \sim 0{,}5$ mm $m = 0$ und damit auch α Null wird. Trotzdem eignet sich die Gl. (49) für Abschätzungen bis zu Korngrößen von etwa 0,3 mm, da sie die Abhängigkeit von der Natur des Wirbelgases annähernd richtig wiedergibt. Zum Vergleich sind in Abb. 42 einige Messungen von WICKE und FETTING [34] mit den Ergebnissen der Gl. (48) dargestellt. Der Ausdehnungsterm H/H_L ist hierbei allerdings nicht berücksichtigt, d.h., gleich 1 gesetzt worden.

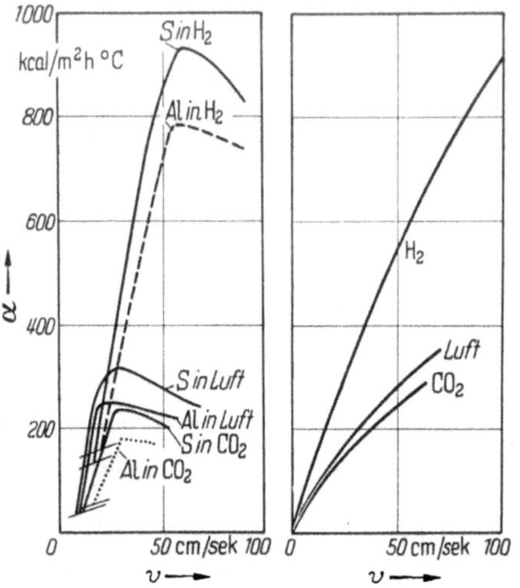

Abb. 42. Vergleich einiger von WICKE und FETTING [37] gemessener Wärmeübergangszahlen zwischen einer Wirbelschicht aus Sand (S) und Aluminiumgries (Al) von 0,31 mm Korngröße und einem eingetauchten Heizzylinder mit Gl. (49)

In den bis jetzt aufgeführten Ausdrücken für α war dieses mit $v(1 - \varepsilon)\varrho_f$ oder dem äquivalenten H/H_L sowie mit $1/d$ und bei Gl.(49) auch mit $\lambda/\nu^{0,6}$ verknüpft. Das Auftreten dieser Größen läßt sich nun verständlich machen, wenn man beachtet, daß in einer Wirbelschicht Strömungen des Wirbelgutes auftreten. Betrachtet man z.B. die Abb. 43, in welcher Rohre in einer Glaskugelwirbelschicht senkrecht zur Stirnfläche dargestellt sind, so kann man die Teilchenströmung erkennen.

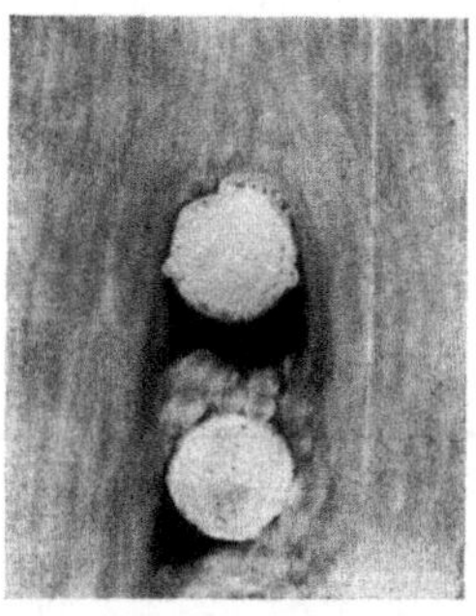

Abb. 43. Umströmung von rohrförmigen Einbauten einer Wirbelschicht aus 5-mm-Glasperlen

Die Partikel umströmen die Einbauten in einer relativ dicken Schicht (etwa 3 Partikellagen), und dazwischen liegt eine Gasgrenzschicht. Nennt man die mittlere Dicke dieser Gasgrenzschicht δ_g, so ergibt λ/δ_g die Wärmeübergangszahl dieser Gasgrenzschicht.

Es ist auch einzusehen, daß die Gasgrenzschichtdicke irgendwie mit der kinematischen Zähigkeit des Trägergases verknüpft sein wird, so daß das Auftreten von λ/ν in Gl. (49) verständlich wird. Aber auch die Teilchengröße wird von Einfluß auf die Grenzschichtdicke sein.

Die durch die Gashaut strömende Wärme wird dann von der Randströmung der Partikel weitergeführt. Dieser Wärmetransport ist von der

Teilcheneigengeschwindigkeit v_f und von der Teilchenkonzentration sowie ihrer Wärmekapazität c_f abhängig. Er wird also, wenn man annimmt, daß v_f ein gewisser Bruchteil der Trägergasgeschwindigkeit sein wird, durch einen Ausdruck von der Form $v(1-\varepsilon)\,\varrho_f\,c_f$ darzustellen sein.

Weiterhin wird auch die Dicke der Partikelgrenzschicht eine Rolle spielen, da ja auch quer durch die Grenzschicht Wärme in das umgebende Wirbelgut fließt. Dieser Wärmefluß wird um so größer sein, je dünner die Grenzschicht ist, bzw. je geringer der Teilchendurchmesser ist. Da die Ausbildung der Strömung stark von der geometrischen Anordnung abhängt, wird man also Übereinstimmung der absoluten Werte von α in verschiedenen Meßapparaten, aber auch an verschiedenen Stellen einer Wirbelschicht nicht unbedingt erwarten können.

Vreedenberg [*35*] fand z.B. für ein vertikales Kühlrohr von 35 mm Durchmesser, welches sich in den Randzonen einer Wirbelschicht (565mm Schachtdurchmesser) befand, kleinere Wärmeübergangszahlen, als wenn das Rohr im Zentrum angeordnet war.

Dow und Jackob [*36*] stellten fest, daß der Wärmeübergang von der geheizten Apparatewand auf die Wirbelschicht stark von der Schichthöhe H_L abhängt. Es ergab sich $\alpha \sim 1/H_L^{0,6}$. van Heerden [*37*, *38*] hat gezeigt, daß auch bei konstanter Schichthöhe die Länge der, in diesem Fall gekühlten, Schachtwand für die Wärmeübergangszahl von Einfluß war. Diese nahm analog zu den Ergebnissen von Dow und Jackob mit der Länge ab und näherte sich einem relativ kleinen Grenzwert $\alpha_{\text{stat.}}$, wenn die Höhe der Kühlzone 400 mm überschritt.

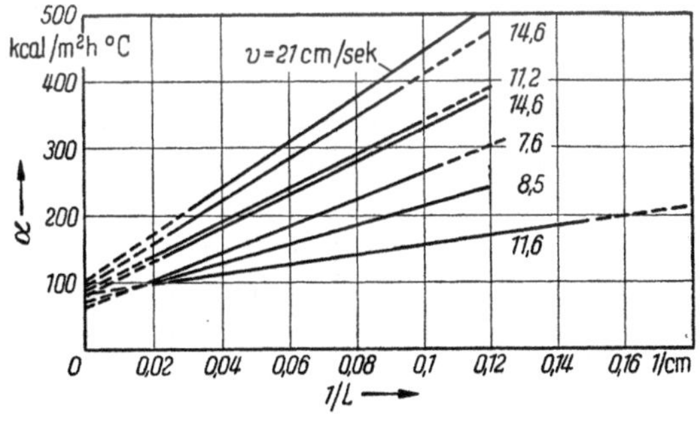

Abb. 44. Abhängigkeit der Wärmeübergangszahlen von der reziproken Höhe der $1/L$ der von der Wirbelschicht bespülten wärmeübertragenden Rohrwand

Wicke und Fetting [*34*] haben die Messungen von Dow und Jackob, sowie von van Heerden ausgewertet. Das Ergebnis ist in dem Diagramm der Abb. 44 dargestellt. Bei der Auftragung gegen $1/H$ ergeben sich Geraden, welche man durch

$$\alpha = \alpha_{st} + \frac{f(v)}{L}, \qquad (50)$$

darstellen kann. Dieses Verhalten kann man erklären, wenn eine Strömung der Teilchen entlang der Austauscherfläche angenommen wird.

WICKE und FETTING benutzten das in Abb. 45a dargestellte Modell. Es gilt zunächst für eine Heizwand, doch läßt es sich auch auf das Kühlen durch entsprechende Änderungen der Wärmestromrichtungen ausdehnen. Die von der Wand abgegebene Wärmemenge q wird über die Gashaut zunächst auf den an der Wand in Richtung z entlang gleitenden Teilchenstrom übertragen, welcher den Anteil q_z mitführt und sich entsprechend aufheizt. Die entlanggleitenden Teilchen führen aber auch Platzwechsel aus und wandern in die Wirbelschicht ab und werden aus

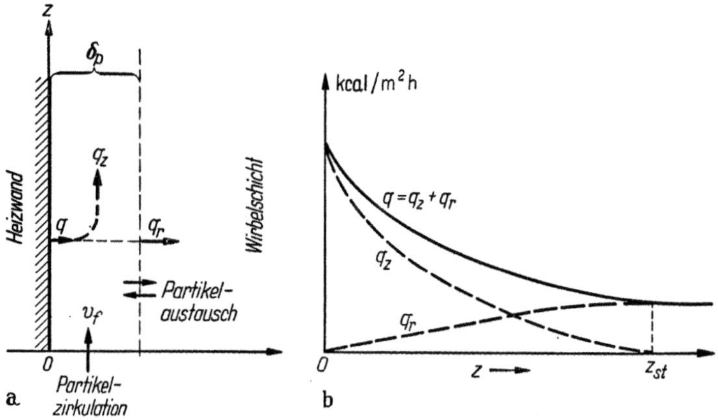

Abb. 45a u. b. a) Schematische Darstellung der durch die Strömung entlang der wärmeaustauschenden Fläche hervorgerufenen Wärmeströme; b) Abhängigkeit der in paralleler und senkrechter Richtung zur Wärmeaustauschfläche verlaufenden Wärmeströmungen von der Höhe z der Austauscherwand

ihr durch andere Teilchen ersetzt. Damit existiert noch ein zweiter Wärmestrom q_r quer durch die Grenzschicht. Durch die Erwärmung der Gleitschicht entlang des Weges wird die Temperaturdifferenz zur Wand kleiner, und dementsprechend wird nach einer gewissen Wegstrecke weniger Wärme übertragen. Die Temperaturdifferenz der Teilchenschicht zur Wirbelschicht wird aber größer, so daß der Anteil von q_r auf Kosten von q_z zunehmen wird. Nach einer gewissen Anlaufstrecke ist dann nur der Wärmetransport quer zur Schicht vorhanden. Qualitativ sind diese Verhältnisse in Abb. 45b skizziert. Der Wärmestrom q ist gemäß $\alpha = \frac{q}{\vartheta_w - \vartheta_s}$ der örtlichen Wärmeübergangszahl $\alpha(z)$ proportional. Für eine Heizfläche mit einer Höhe $L > z_{st}$ findet man den Mittelwert der Wärmeübergangszahl gemäß

$$\alpha = \frac{1}{L} \int_0^{z_{st}} [\alpha(z) - \alpha_{st}]\, dz + \frac{1}{L} \int_0^L \alpha_{st}\, dz\,. \tag{51}$$

Das erste Integral ist von L unabhängig. Bezeichnet man es mit $f(v)$, so ergibt sich

$$\alpha = \frac{f(v)}{L} + \alpha_{st},$$

entsprechend dem empirischen Befund Gl. (50).

Das Modell läßt sich gemäß Abb. 46a u. b weiter präzisieren. In Abb. 46a ist der von WICKE und FETTING experimentell gefundene Temperaturverlauf in der Nähe der Wand eines in die Wirbelschicht eintauchenden, geheizten Zylinders dargestellt. Abb. 46b zeigt etwas schematisiert den Temperaturverlauf für das zu betrachtende Modell.

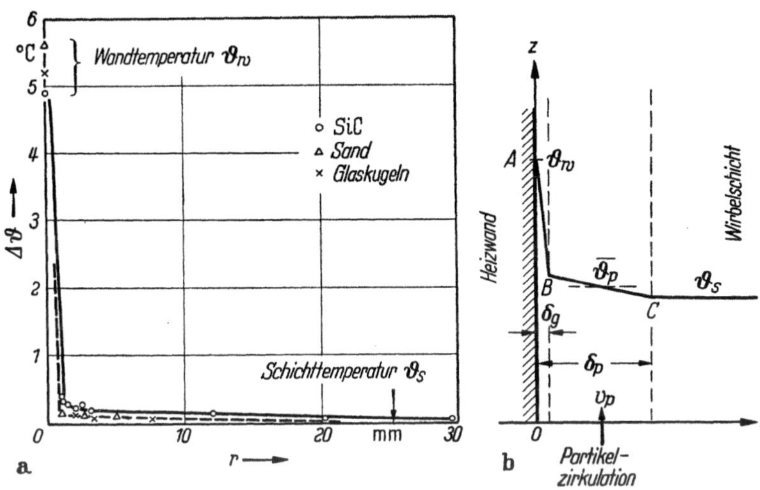

Abb. 46a u. b. Temperaturprofil in der Nähe der Austauschfläche
a) Ergebnis einer Messung (nach WICKE und FETTING [34]); b) für die Berechnung benutztes schematisiertes Modell

Der erste Temperaturabfall unmittelbar an der Wand soll durch die Gashaut von der Dicke δ_g verursacht werden. Die an die vorbeigleitenden Teilchen abgegebene Wärme ergibt sich dann zu

$$q = \frac{\lambda}{\delta_g}(\vartheta_w - \vartheta_B) \equiv \alpha'_g(\vartheta_w - \vartheta_B). \tag{52}$$

In radialer Richtung, quer durch die Schicht mit der Dicke δ_p ($\delta_p \gg \delta_g$), welche eine effektive Wärmeleitzahl λ_r besitzen soll, wird dann der Wärmestrom

$$q_r = \frac{\lambda_r}{\delta_p}(\vartheta_B - \vartheta_s) \tag{53}$$

an die Wirbelschicht überführt. In Richtung z des Teilchenstromes, dessen Geschwindigkeit v_f betragen soll, fließt der Anteil

$$q_z = \varrho_f(1-\varepsilon)\, v_f\, c_f\, \delta_p \frac{d\bar{\vartheta}_p}{dz} \equiv k' \frac{d\bar{\vartheta}_p}{dz}. \tag{54}$$

Hierin ist $\bar{\vartheta}_p = \frac{1}{2}(\vartheta_B + \vartheta_s)$ die mittlere Temperatur der Gleitschicht und c_f die spezifische Wärme des Festkörpers.

Nun läßt sich die Temperatur ϑ_B in Gl. (51) und Gl. (52) durch $\bar{\vartheta}_p$ ausdrücken. Durch Einsetzen der entsprechenden Ausdrücke in $q = q_r + q_z$ erhält man eine Differentialgleichung, deren Integration die Temperatur $\bar{\vartheta}_p$ für jede Länge z ergibt, wobei als Randbedingung $\bar{\vartheta}_p = \vartheta_s$ für $z = 0$ gilt.

Man ist dann imstande, den Mittelwert der Wärmeübergangszahl für eine bestimmte Länge L des Heizers gemäß

$$\alpha = \frac{1}{\vartheta_w - \vartheta_s} \frac{1}{L} \int_0^H q(z)\, dz \tag{55}$$

zu berechnen.

Für kleine L ist es möglich, q_r zu vernachlässigen, also anzunehmen, daß $\frac{\lambda_r}{\delta_p} \sim 0$ ist. Dann erhält man für α einen relativ einfachen Ausdruck

$$\alpha = \frac{k'}{2L}\left(1 - e^{-\alpha_g' 2L/k'}\right). \tag{56}$$

Die bisherigen Abkürzungen k' für die konvektive Wärmeleitfähigkeit in Richtung der Gleitschicht und α_g' für den Wärmedurchgang durch die Gashaut lassen sich noch etwas weitgehender auf unmittelbar meßbare Größen zurückführen.

Zunächst kann man annehmen, daß v_f die reale Teilchengeschwindigkeit ein Bruchteil a der Ausströmgeschwindigkeit oder noch wahrscheinlicher von $(v - v_L)$ sein wird. Setzt man demgemäß

$$\varrho_f (1 - \varepsilon_L) c_f \delta_p a (v - v_L) \equiv k,$$

so wird

$$k' = k \frac{1 - \varepsilon}{1 - \varepsilon_L} = k \frac{H_L}{H}.$$

Außerdem kann man annehmen, daß δ_g am Lockerungspunkt $(\delta_{g,L})$ mit wachsender Schichtausdehnung größer wird, etwa nach der Beziehung

$$\delta_g = \delta_{g,L} \frac{1 - \varepsilon_L}{1 - \varepsilon},$$

und setzt

$$\frac{\lambda}{\delta_{g,L}} \equiv \alpha_g,$$

so wird

$$\alpha_g' = \alpha_g \frac{H_L}{H}.$$

Mit diesen neuen Abkürzungen ergibt sich schließlich für die Wärmeübergangszahl

$$\alpha = \frac{k}{2L}\,\frac{H_L}{H}\left(1 - e^{-\alpha_g \frac{2L}{k}}\right). \tag{57}$$

Allerdings treten hierin die Größen $\delta_{g,L}$ und $a\,\delta_p$ auf, welche unbekannt sind. Sind aber für ein bestimmtes System einige α-Werte bekannt, so läßt sich die Gl. (57) durch Probieren anpassen. WICKE und FETTING konnten damit die Geschwindigkeitsabhängigkeit der Wärmeübergangszahl bei ihren eigenen Messungen und auch die Ergebnisse anderer Autoren sehr befriedigend darstellen. Als Beispiel für eine solche Auswertung möge die Abb. 47 dienen, in welcher α für den schon erwähnten vertikal angeordneten Heizzylinder in einer Sand-Luft-Wirbelschicht mit 0,315 mm mittlerer Korngröße dargestellt ist. Für die Dicke der Gashaut $\delta_{g,L}$ ergab sich $0{,}15\,d$. Das Produkt $a\,\delta_p$ mußte zu 0,42 mm, das sind $1{,}33\,d$, angenommen werden.

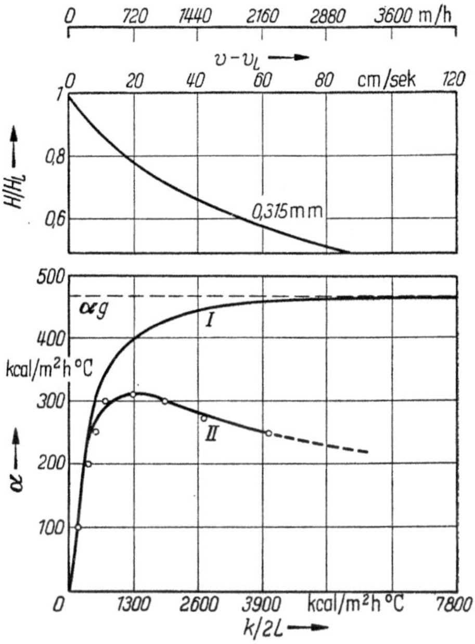

Abb. 47. Prüfung von Gl. (57) für eine Sand-Luft-Wirbelschicht und einem senkrecht angeordneten Heizzylinder. Die Kurve *I* ist ohne Berücksichtigung des Expansionsverhältnisses, Kurve *II* ist mit Berücksichtigung der im oberen Teil dargestellten Abhängigkeit von H/H_L von $v - v_L$ erhalten worden

Für eine bestimmte Anordnung ist es auch möglich, den Verlauf der Wärmeübergangszahl durch dimensionslose Kennzahlen darzustellen, wie es auch sonst in der Verfahrenstechnik üblich ist.

Als Beispiel sei hier lediglich eine von VAN HEERDEN, NOBEL und VAN KREVELEN [*39*] aufgestellte Gleichung wiedergegeben.

$$\left(\frac{\alpha d}{\lambda}\right) = 0{,}035\left(\frac{c_p \eta}{\lambda}\right)^{0,5}\left(\frac{\varrho\,\varrho_f(1-\varepsilon_L)\,g\,d^3}{\eta^2}\right)^{0,45}\left(\frac{\varrho\,(1-\varepsilon_L)}{\varrho}\right)^{-0,18}$$
$$\left(\frac{\varrho\,c_p}{\varrho_f(1-\varepsilon_L)\,c_f}\right)^{-0,36}\left(\frac{v}{v_L}-1\right)^{0,36}, \tag{58}$$

(c_p = spez. Wärme des Trägergases, c_f = spez. Wärme des Festkörpers).

Dieser Ausdruck erfaßt die Versuchspunkte der Autoren (außenbeheizter Schacht) für einen Bereich von v/v_L zwischen 1 und 30. Der Ausdruck $(\alpha d/\lambda)$ ist die NUSSELTsche Zahl, $(c_p \eta/\lambda)$ ist die PRANDTLsche und $\varrho^3 g\, d^3/\eta^2$ die hier etwas modifizierte GRASHOFsche Zahl. Die ersten beiden dieser dimensionslosen Ausdrücke treten bei der Berechnung der Wärmeübergangszahl bei gasförmigen und flüssigen Medien auf. Die GRASHOFsche Zahl findet man bei natürlichen, z. B. durch eine Temperaturdifferenz verursachten Strömungen. Da in der Gl. (57) die Geschwindigkeitsabhängigkeit nur in einer monoton ansteigenden Funktion vorhanden ist und die Ausdehnung der Schicht nicht vorkommt, gibt die Gleichung den Wiederabfall der Wärmeübergangszahl nach dem Maximum nicht an.

Eine Zusammenstellung der Maximalwerte nach den Ergebnissen von verschiedenen Autoren ist in Abb. 48 gegeben (WICKE und FETTING [34]).

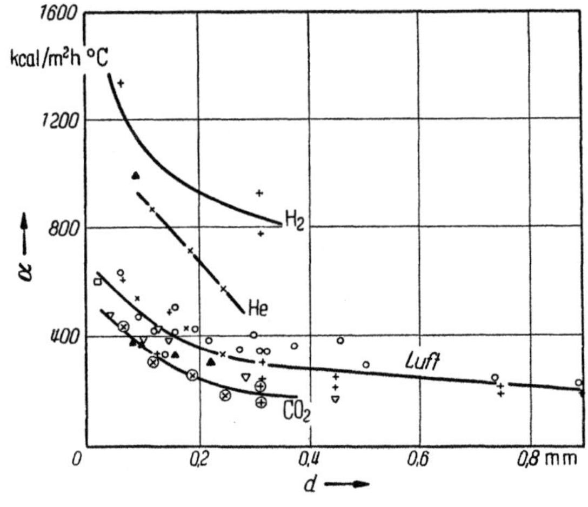

Abb. 48. Maximalbeträge bzw. obere Grenzwerte der Wärmeübergangszahlen, abhängig vom mittleren Korndurchmesser d und der Art des Trägergases

Wird die Gasgeschwindigkeit über das Gebiet des optimalen Wärmeübergangs gesteigert, so gelangt man in das Gebiet der Flugstaubwolken. Hier sinkt die Wärmeübergangszahl stark ab, wenn die Teilchenkonzentration gering wird, denn im Grenzfall müssen ja die Verhältnisse der reinen Gasströmung erreicht werden.

Im Gebiet geringerer Materialbeladung von $\mu = 0$ bis 3,5 untersuchten BRÖTZ, HIBY und MÜLLER [40] Sand-Luft-Gemische mit Teilchengrößen zwischen 0,08 und 0,6 mm, welche durch ein senkrechtes, dampfbeheiztes Rohr von 50 mm Durchmesser gefördert wurden.

Die Verbesserung des Wärmeüberganges durch die Beladung mit Feststoff wirkt sich erst bei größeren Feststoffbeladungen aus. Bei den gröberen Körnern wurde sogar eine anfängliche Abnahme von α gefunden. Dieser Verlauf ist in Abb. 49 für mehrere Korngrößen bei konstanter Luftgeschwindigkeit dargestellt.

Bei diesen Flugstaubströmungen findet man keine einheitliche Temperaturverteilung über die Suspension, wie es bei der Wirbelschicht mit ihrer guten Durchmischung der Fall war. Da die Temperatur längs des Weges nach einer e-Funktion variiert, wird für die treibende Temperaturdifferenz ein logarithmisch gemittelter Wert Θ eingesetzt, wie es auch sonst bei Wärmeaustauschproblemen üblich ist. Wird durch den Index 1 der Zustand am Eintritt und durch den Index 2 der Zustand am Austritt bezeichnet, so ist α durch folgende 2 Gleichungen bestimmt:

$$Q = \alpha F \Theta, \qquad (59)$$

$$\Theta = (\Delta\vartheta_1 - \Delta\vartheta_2)/\ln \Delta\vartheta_1/\Delta\vartheta_2. \qquad (60)$$

Am Eintritt besitzen Trägergas und Festkörper die gleichen Temperaturen, so daß dieser Wert auch für die Temperatur der Suspension gilt. Am Austritt wird aber zwischen Gut und Gas im allgemeinen ein Temperaturunterschied auftreten, so daß ein Mittelwert für die Suspensionstemperatur anzuwenden ist. Ein Thermoelement wird zwar einen Wert, welcher zwischen der Gas- und Festkörpertemperatur liegt, anzeigen, doch braucht dies nicht der Mittelwert zu sein. Es ist daher besser, die Suspensionstemperatur aus der vom Heizer abgegebenen Wärmemenge und den Wärmekapazitäten zu berechnen.

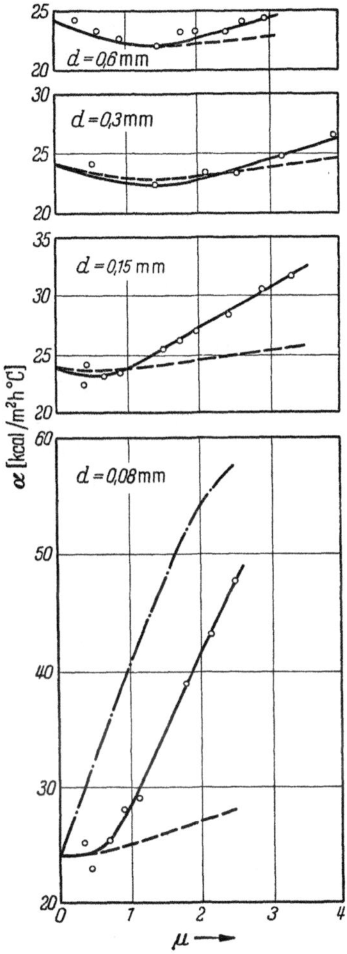

Abb. 49. Abhängigkeit der Wärmeübergangszahl zwischen Rohrwand und einer Gas-Festkörper-Suspension geringer Materialbeladung (μ). Die ausgezogene Linie stellt den experimentell ermittelten Verlauf dar. Die strichpunktierte Linie wurde unter Annahme eines unendlich schnellen Wärmeaustauschs zwischen Festkörper und Gas berechnet, während die unterbrochenen Linien unter der Annahme berechnet wurden, daß lediglich die Trägerluft sich in Austausch mit der Heizfläche befindet und ihre Wärme nachträglich an die suspendierten Teilchen überträgt (Trägerluftgeschwindigkeit 5,88 m/sek)

Brötz und Mitarbeiter haben nun versucht, eine Modellvorstellung zu entwickeln, welche den Verlauf von α zu erklären erlaubt. Man kann z. B. annehmen, daß die Suspension sich wie ein homogenes Medium höherer Dichte und höherer spezifischer Wärme als das leere

Gas verhält. Dazu wäre man berechtigt, wenn die Teilchen den Temperaturänderungen des Trägergases trägheitslos folgten.

Man kann dann z.B. die Kraussoldsche Gleichung (41) für den Wärmeübergang zwischen Rohrwand und einem strömenden Medium benutzen.

$$\frac{\alpha D}{\lambda} = 0{,}039\left(\frac{G + G_f}{D\eta}\right)^{0,8}\left(\frac{\eta\bar{c}}{\lambda}\right)^{0,37}\left(\frac{L}{D}\right)^{-0,054}. \tag{61}$$

Hierbei stellt $G + G_f$ den Massendurchsatz an Trägergas und Feststoff dar, während für die spezifische Wärme des Gemisches

$$\bar{c} = \frac{G c_p + G_f c_f}{G + G_f} \tag{62}$$

eingesetzt wird.

Die strichpunktierte Linie in Abb.49 für die Korngröße 0,08 mm ist auf diese Weise berechnet worden. Man erkennt aber, daß für kleine Materialbeladungen der Anstieg von α zu steil wiedergegeben wird, daß also hierbei die Trägheit des Wärmeübergangs doch schon ins Gewicht fällt.

Für ein weiteres Modell wurde daher angenommen, daß die Wärme von der Rohrwand nur zur Trägerluft übergeht und daß sie dann erst weiter auf die Teilchen übertragen wird. Zur Vereinfachung der Rechnung sollen die Teilchen kugelförmig sein, und in ihrem Inneren sollen keine Temperaturdifferenzen auftreten.

Die Wärmeübergangszahl α_f zwischen einer Kugel und dem umgebenden Gas läßt sich nach einer von Froessling [*42*] angegebenen Gleichung berechnen. Diese lautet in dimensionsloser Darstellung:

$$\frac{\alpha_f d}{\lambda} = 2\left[1 + 0{,}276\left(\frac{c_p\eta}{\lambda}\right)^{1/3}\left(\frac{v\,d}{\nu}\right)^{0,5}\right]. \tag{63}$$

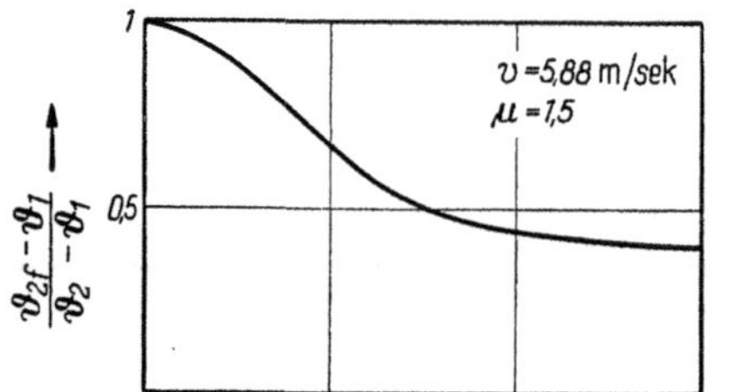

Abb. 50. Verhältnis der Temperaturzunahme von suspendierten Teilchen zur Temperaturzunahme der Trägerluft bei indirekt aufgeheizten Suspensionen als Funktion der Korngröße

Dann kann man eine Wärmebilanz aufstellen, indem man ein Volumenelement der Strömung betrachtet, welches sich mit der Teilchengeschwindigkeit v_f fortbewegt. Durch Vergleich der durch die Heizfläche und durch die Teilchengrenzflächen transportierten Wärmemengen mit der zeitlichen Temperaturerhöhung von Gas und Feststoff ergeben sich zwei simultane Differentialgleichungen. Da am Anfang des Rohres Gut- und Gastemperatur gleich sind, ergeben sich Randbedingungen, welche eine Integration erlauben. Man erhält dann die Endtemperaturen der Teilchen und des Trägergases, wobei auch noch zu berücksichtigen ist, daß das Gas um $\Delta v = v - v_f$ schneller strömt als die Teilchen. In Abb. 50

ist nun das Verhältnis der Temperaturzunahme von Feststoff und Gas $\frac{\vartheta_{2f} - \vartheta_1}{\vartheta_2 - \vartheta_1}$ in Abhängigkeit von der Teilchengröße für die Meßstrecke von 1,55 m dargestellt.

Bis zu Teilchengrößen von etwa 0,1 mm beträgt der Unterschied weniger als 10%, bei größeren Teilchen ist er aber bereits erheblich. Aus den Endtemperaturen ϑ_2 und ϑ_{2f} läßt sich mit Hilfe der Materialbeladung die Mischtemperatur berechnen, aus der sich weiterhin die Wärmeübergangszahl ergibt. Der auf diese Weise erhaltene Verlauf von α ist als durchbrochene Linie in die Abb. 49 eingetragen.

3.2 Wärmeübergang zwischen Trägergas und Wirbelgut

Bei der Diskussion des Wärmeüberganges von Grenzflächen zu Wirbelschichten wurde der Wärmeaustausch zwischen den Teilchen und dem Trägergas als sehr schnell vor sich gehend angenommen. Bei der

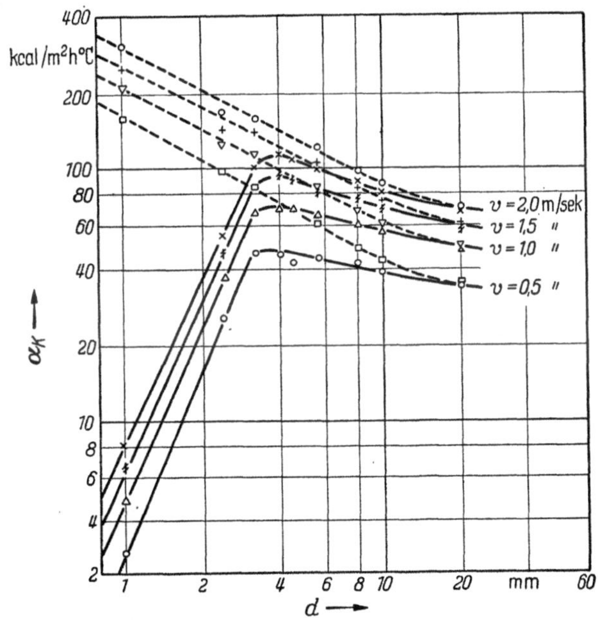

Abb. 51. Wärmeübergang auf eine Schüttung von Stahlkugeln (nach Brötz [*43*]). Die durchbrochenen Linien zeigen den Wärmeübergang für eine Einzelkugel

Besprechung von Suspensionen mit geringer Materialbeladung erwies es sich aber bereits im vorhergehenden Abschnitt als notwendig, den Wärmewiderstand an der Teilchen-Trägergas-Grenzfläche zu berücksichtigen. Hierfür wurde die Froesslingsche Formel für Einzelkugeln eingesetzt. Bei nahe aneinanderliegenden Teilchen braucht diese Gleichung aber nicht mehr zuzutreffen, da Abschattungseffekte auftreten können. Nach Messungen von BRÖTZ [43], welche in Abb. 51 wiedergegeben sind, sinken die Wärmeübergangszahlen für Teilchen unter 3 mm Durchmesser, welche sich in einer ruhenden Schüttung befinden, gegenüber dem für eine isolierte Kugel errechneten Wert stark ab. Wenn man annimmt, daß in einer dichten Wirbelschicht die Teilchen in der Lockerungskonfiguration im gasdurchströmten Wirbelschichtbrei vorliegen, so dürfte man hier ähnlich kleine, wenn auch nicht ganz so geringe Werte für α_f erwarten.

WAMSLEY und JOHNSON [44] fanden für die Wirbelschicht mit Glaskugeln, Korund- und Kunstharzteilchen als Wirbelgut tatsächlich sehr kleine Wärmeübergangszahlen, wie aus nachfolgender Aufstellung hervorgeht.

Teilchendurchmesser (mm)	Luftgeschwindigkeit G (kg/m²h)	Wärmeübergangszahl (Kcal/m²h °C)
0,137	576–1700	0,33
0,216	940–2100	0,64
0,435	1400–2500	2,05

Die Wärmeübergangszahlen waren innerhalb der angegebenen Bereiche der Wirbelluft von der Gasgeschwindigkeit praktisch unabhängig. Die Abhängigkeit von der Korngröße ist aber stark ausgeprägt und annähernd gilt $\alpha_f \sim d^{1,5}$. Die Untersuchungen wurden mit Hilfe der Aufheizmethode durchgeführt. Hierbei wird ein Wirbelgut mit einer anfänglichen Teilchentemperatur $\vartheta_{f,0}$ mit einem heißen Trägergas der Eintrittstemperatur ϑ_1 durchwirbelt, wodurch sich der Schichtinhalt im Laufe der Zeit erwärmt. Die Aufheizkurve ergibt sich aus der Wärmebilanz. Wird der Wirbelapparat als thermisch ideal isoliert angenommen, so ist die in der Zeiteinheit vom Trägergas abgegebene Wärmemenge gleich der Wärme, welche sich aus der Wärmekapazität des Wirbelgutes und der zeitlichen Temperaturerhöhung errechnen läßt:

$$v \varrho c_p (\vartheta_1 - \vartheta_2) = (1 - \varepsilon) \varrho_f H c_f \frac{d\vartheta_f}{dt} . \tag{64}$$

Erfolgt der Wärmeübergang momentan, d.h. kann die Wärmeübergangszahl zu den Teilchen und die Wärmeleitung im Inneren als unendlich groß angenommen werden, so ist zu jeder Zeit ϑ_2 gleich ϑ_f. Die Gastemperatur ϑ_1 senkt sich beim Eintritt in die Schicht sofort auf die Festkörpertemperatur und bleibt innerhalb der Schicht und auch im Gasraum konstant. Dann läßt sich Gl. (63) integrieren, und man erhält für die Aufheizungskurven

$$\frac{\vartheta_1 - \vartheta_f}{\vartheta_1 - \vartheta_{f,0}} = \exp[- v \varrho c_p/(1 - \varepsilon) \varrho_f H c_f] t \equiv \exp(- k_\infty t) . \tag{65}$$

Ist α_f nicht unendlich groß, so wird ϑ_f geringer als ϑ_2 sein, und zur Integration von Gl. (63) ist noch eine zusätzliche Bedingung

$$v\varrho\, c_p(\vartheta_1 - \vartheta_2) = \alpha_f F H(\vartheta_2 - \vartheta_f),$$

(F = Teilchenoberfläche je Volumeneinheit der Wirbelschicht)

erforderlich. Durch Differenzieren dieser Gleichung erhält man einen Ausdruck für $d\vartheta_f/dt$, welcher in Gl. (64) eingesetzt die Integration erlaubt. Es ergibt sich:

$$\frac{\vartheta_1 - \vartheta_2}{(\vartheta_1 - \vartheta_2)_{t=0}} = \exp[-\alpha_f F H v \varrho\, c_p/(1-\varepsilon)\varrho_f c_f(\alpha_f F H - v\varrho\, c_p)]\, t \equiv \exp(-k_\alpha t). \tag{67}$$

Hierin bedeutet $(\vartheta_1 - \vartheta_2)_{t=0}$ die Differenz zwischen der Eintritts- und Austrittstemperatur des Gases im Zeitpunkt Null. Die Feststofftemperatur kommt in Gl. (66) nicht vor, und die Frage nach ihrer Größe bleibt offen. Durch Gl. (65) ist aber angenommen worden, daß das Wirbelgut so gut durchgemischt wird, daß Konstanz der Festkörpertemperatur über die ganze Schicht besteht. Auch innerhalb der Teilchen sollen keine Temperaturunterschiede bestehen. Das Gas soll ebenfalls so gut rückgemischt werden, daß es innerhalb der Schicht die Austrittstemperatur annimmt.

Gemäß Gl. (66) kann man aus der Neigung der in einem $\log(\vartheta_1 - \vartheta_2) - t$ Diagramm aufgetragenen experimentell ermittelten Aufheizkurve,

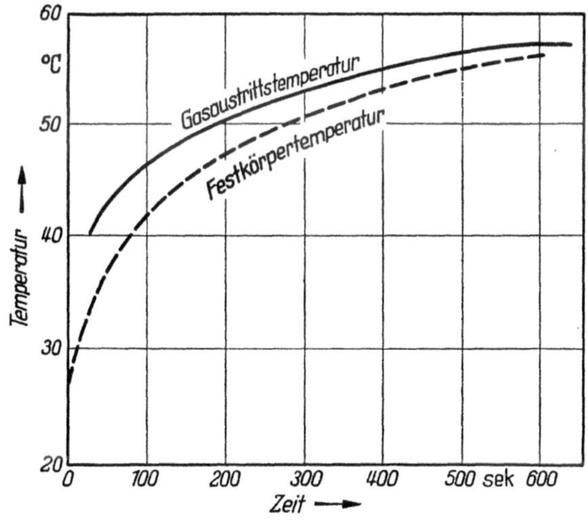

Abb. 52. Aufheizkurven für eine Glaskugel-Luft-Wirbelschicht (nach WAMSLEY und JOHNSON [44]) Korndurchmesser: 0,208–0,246 mm, Schichtgewicht: 84 kg/m², Luftgeschwindigkeit: 1370 kg/m²h

welche hierbei eine Gerade ergeben soll, den Wert von α_f ermitteln. In Abb. 52 sind in Abhängigkeit von der Heizdauer die gemessenen Endgastemperaturen und die Teilchentemperaturen für Glaskugeln dargestellt.

Zur Messung der letzteren wurde in einer Anzahl identischer Aufheizversuche zu gewissen Zeiten die Gaszufuhr unterbrochen und die Temperatur, welche sich in der ruhenden Schicht einstellte, mit einem nackten Thermoelement gemessen. Zwar ist die Schwierigkeit, die wahre Temperatur des Wirbelgutes zu bestimmen, durch die Wahl der Gl. (67) für die Auswertung weggefallen, doch sind die Voraussetzungen der Gl. (67), nämlich die vollständige Rückmischung des Gases und des Wirbelgutes, wie später noch gezeigt werden soll, nur recht angenähert erfüllt. Vor allem wird aber die Blasenbildung das Resultat beeinflussen. Es ist anzunehmen, daß jener Anteil des Trägergases, welcher in Blasenform die Wirbelschicht durchbricht, seinen Wärmeinhalt nur teilweise auf das Wirbelgut überträgt. Der Wärmeübergang im Wirbelschichtbrei würde dann bedeutend höher sein als er nach Gl. (67) gefunden wird.

Solche hohen Werte sind auch von verschiedenen Autoren gefunden worden. In dimensionsloser Darstellung lautet die von KETTENRING, MANDERSFIELD und SMITH [*45*] vorgeschlagene Abhängigkeit von α_f mit der Geschwindigkeit und dem Teilchendurchmesser

$$\frac{\alpha_f d}{\lambda} = 0{,}0135\, Re^{1,3}. \tag{68}$$

Die daraus sich ergebenden α_f-Werte liegen nun eine Größenordnung höher als die Werte von WAMSLEY und JOHNSON. Sie wurden aus der Verdunstungsgeschwindigkeit bei feuchtem Wirbelgut ermittelt, doch war hierbei die Festlegung der Partikeloberflächentemperatur notwendig, welche man ja kaum direkt messen kann. Zwar haben WALTON und Mitarbeiter [*46*] sowie HEERTJES und Mitarbeiter [*47*] der Gl. (68) ähnliche Formeln angegeben, welche sogar noch etwas höhere α_f-Werte liefern, doch reicht das Material nicht aus, um eine universelle Gleichung aufzustellen. Feststehen dürfte aber, daß die α_f-Werte in der Wirbelschicht kleiner sind als bei einem isolierten Teilchen und daß die Wärmeübergangszahl mit der Teilchengröße zunimmt.

3.3 Stoffübergang zwischen Trägermedium und Wirbelgut

Der Transport von Molekülen durch die Grenzfläche zwischen Trägermedium und dem festen Wirbelgut wird durch die Stoffübergangszahl β charakterisiert. Diese ist wie α keine reine Zahl, sondern man gibt sie in Stoffmenge/Fläche $\times$ Zeit je Einheit der treibenden Kraft an. Charakterisiert man die letztere z.B. durch das Konzentrationsgefälle (Stoffmenge/Volumeneinheit), so nimmt β die Dimension $[lt^{-1}]$ an. Für den Austausch mit Gasen ist es, vor allem in der amerikanischen Literatur, üblich, mit den Partialdrücken der diffundierenden Komponenten zu rechnen. Dann wird β auf die Einheit des Druckes, meist eine Atmosphäre, bezogen.

Die ersten Messungen der Stoffübergangszahlen für Wirbelschichten wurden von McCune und Wilhelm [48] für die Auflösung von β-Naphthol in Wasser durchgeführt. β-Naphtholteilchen in Kugel- oder Flockenform wurden mit reinem Leitungswasser angeströmt und gewirbelt und die Austrittskonzentration C_2 bestimmt (Abb. 53).

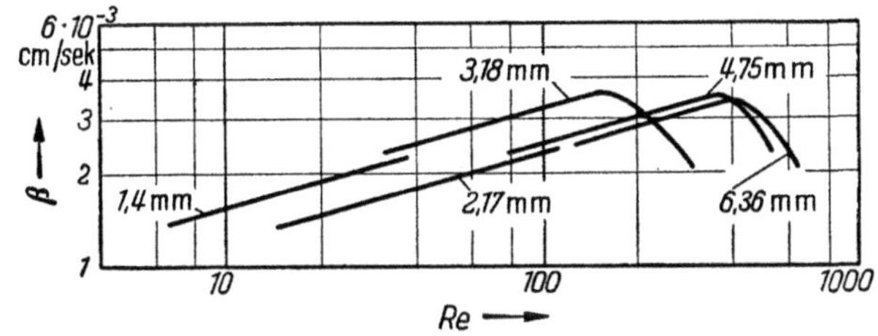

Abb. 53. Stoffübergangszahlen für Wasserwirbelschichten bei der Auflösung von β-Naphthol

Unmittelbar an der Oberfläche der Teilchen wird sich die Sättigungskonzentration C^* einstellen. Um nun die den Stofftransport bewirkende Konzentrationsdifferenz zu finden, müssen Annahmen über den Konzentrationsverlauf längs des Weges durch die Wirbelschicht getroffen werden. Im vorigen Kapitel wurde für die Berechnung von α_f angenommen, daß eine ideal vollständige Rückmischung des Trägermediums und des Wirbelgutes auftritt. Unter dieser Voraussetzung würde über die ganze Schicht die Konzentration C_2 herrschen, und für die treibende Kraft ergibt sich $\Delta C = C^* - C_2$.

Den Zusammenhang zwischen β und der Austrittskonzentration erhält man dann aus der Stoffbilanz:

$$v\,C_2 = \beta\,F\,H\,\Delta\,C\,, \tag{69}$$

(F = Teilchenoberfläche je Volumeneinheit der Wirbelschicht).

Für den Fall, daß das Trägermedium die Schicht ohne Rückmischung, also in gerader Front, durchsetzt (Pfropfenströmung) hat man dann für die treibende Kraft am Eintritt $\Delta C_1 = C^* - 0$ und am Austritt $\Delta C_2 = C^* - C_2$ einzusetzen. Für die Stoffbilanz über die ganze Schicht verwendet man dann das logarithmische Mittel, so daß sich ergibt

$$v\,C_2 = \beta F H \frac{\Delta\,C_1 - \Delta\,C_2}{\ln \Delta\,C_1 - \ln \Delta\,C_2} \tag{70}$$

Bei Wirbelschichten mit Wirbelgut von 1,25 mm mittlerem Durchmesser, einer Schichthöhe von 0,3 m und langsamer Anströmung erreichte die Austrittskonzentration ungefähr 85% der Sättigungskonzentration. McCune und Wilhelm haben ihre Versuchsergebnisse nach Gl. (70) ausgewertet, sie nahmen also keine Rückmischung an.

Für die Beschreibung von Stoffübergangsproblemen, z.B. auch bei Schüttungen, hat sich der CHILTON-COLBURNsche-j_D-Faktor [49] bewährt. Diese dimensionslose Größe wird, je nachdem ob es sich um einen Austausch gegen Gas oder Flüssigkeit handelt, in allgemeiner Form folgendermaßen definiert:

Für Gas

$$j_D = \frac{\beta P_{Bm}}{\frac{G}{M}} \left(\frac{\nu}{D}\right)^{2/3}. \tag{71}$$

Für Flüssigkeit

$$j_D = \frac{\beta}{\frac{G}{M}} \left(\frac{\nu}{D}\right)^{2/3}. \tag{72}$$

Hierin bedeutet G die Massengeschwindigkeit, M das mittlere Molekulargewicht des strömenden Mediums, P_{Bm} ist der (logarithmisch) mittlere Partialdruck des inerten Bestandteils. Das Verhältnis von kinematischer Zähigkeit zur Diffussionskonstanten D wird als SCHMIDTsche Zahl bezeichnet. Die Stoffübergangszahl β hat sich auf die Anzahl der transportierten Mole zu beziehen.

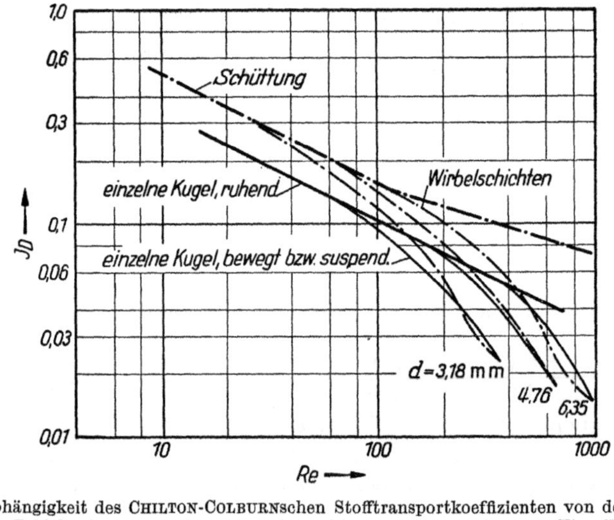

Abb. 54. Abhängigkeit des CHILTON-COLBURNschen Stofftransportkoeffizienten von der REYNOLDSschen Zahl für Schüttung, Wirbelschicht und bewegte sowie unbewegte Einzelkugeln

Für den Fall einer verdünnten Lösung kann an Stelle von G die Strömungsgeschwindigkeit des Lösungsmittels eingesetzt werden, so daß sich mit β gemäß Gl. (70)

$$j_D = \frac{\beta}{v} \left(\frac{\nu}{D}\right)^{2/3} = \frac{1}{FH} \ln \frac{C^*}{C^* - C_2} \left(\frac{\nu}{D}\right)^{2/3} \tag{73}$$

ergibt.

Die von McCune und Wilhelm [48] für Wirbelschichten, Schüttungen und Einzelkugeln ermittelten j_D-Werte sind in Abb. 54 als Funktion der Reynoldsschen Zahl dargestellt.

Die Schüttung ergab, wie zu erwarten, eine einheitliche Linie. Beim Überschreiten des Lockerungspunktes fallen aber die j_D-Werte ab.

Zum Vergleich untersuchten die Autoren auch das Verhalten von jeweils einer einzigen Kugel. Bei geringer Strömungsgeschwindigkeit ruhte diese auf dem Tragboden. Die für diesen Zustand resultierenden j_D-Werte sind geringer als in der Schüttung. Mit zunehmender Strömungsgeschwindigkeit konnte die Kugel nach einem Übergangszustand mit unregelmäßigen Bewegungen an der Rohrwand zum Schweben gebracht werden. Hierbei fiel j_D, ähnlich wie bei dessen Übergang von der Schüttung zur Wirbelschicht, ab. Die Unschärfe, mit welcher die Schwebegeschwindigkeit behaftet war, läßt auf eine ungleiche Geschwindigkeitsverteilung in der Strömung schließen. Die Reynoldssche Zahl ist auf die mittlere Geschwindigkeit bezogen, und es mag sein, daß durch die Bewegung, bzw. durch die Position in den langsamen Randströmungen, die effektive Geschwindigkeit geringer war, als dem eingesetzten Wert von Re entsprach.

Für Gaswirbelschichten fanden Chu, Kalil und Wetteroth [50] weitgehende Übereinstimmung mit den Ergebnissen von McCune und Wilhelm. Diese Autoren untersuchten die Verflüchtigung von Naphthalin in Luft. Das Naphthalin befand sich als dünne Schicht auf Trägerkörpern und Zylindern von 0,7–13,7 mm Durchmesser, welche bei Reynoldsschen Zahlen von 15–1300 gewirbelt wurden. Allerdings war die Schicht, um eine Sättigung von etwa 90% zu erhalten, außerordentlich niedrig. Für die kleinsten Teilchen wurden z.B. Schütthöhen von nur 2–4,5 mm, bezogen auf den Ruhezustand, angewandt. Hierbei treten nun keine Blasen mehr auf, und die Übertragung der Ergebnisse auf die üblichen, tieferen Gaswirbelschichten ist vielleicht nicht ganz sicher.

Chu und Mitarbeiter fanden, daß die bei diesen Schichten ermittelten j_D-Faktoren sich unter Berücksichtigung der Porosität als Funktion von $Re/(1-\varepsilon)$ darstellen lassen. Es ergaben sich für

$$Re/(1-\varepsilon) > 30\,,\; j_D = 1{,}77\,[Re/(1-\varepsilon)]^{-0{,}44}, \tag{73a}$$

$$Re/(1-\varepsilon) < 30\,,\; j_D = 5{,}7\,[Re/(1-\varepsilon)]^{-0{,}78}. \tag{73b}$$

Auch die Werte von McCune und Wilhelm sowie das für Schüttungen vorliegende Material läßt sich durch diese Ausdrücke befriedigend darstellen.

Untersuchungen mit größeren Schichthöhen wurden von Kettenring, Mandersfield und Smith [45] durchgeführt, wobei sich gänzlich andere Verhältnisse ergeben. Diese Autoren untersuchten die Trocknung von Teilchen aus aktivierter Tonerde und Silikagel, wobei Korngrößen zwischen 0,265 und 2,0 mm angewandt wurden. Durch die Wasserverdunstung in der Wirbelschicht sinkt die Temperatur der Luft sehr rasch ab, wie dies an dem Beispiel der Abb. 55 zu erkennen ist. Aus dem Temperaturabfall und der Wärmekapazität der Trägerluft läßt sich über die Verdampfungswärme die verdunstete Wassermenge für jede Höhe z berechnen. Mit Hilfe des DALTONschen Gesetzes ergibt sich dann der jeweils erreichte Wasserdampfpartialdruck, analog zu Abb. 55 für die Lufttemperatur, als Funktion von z.

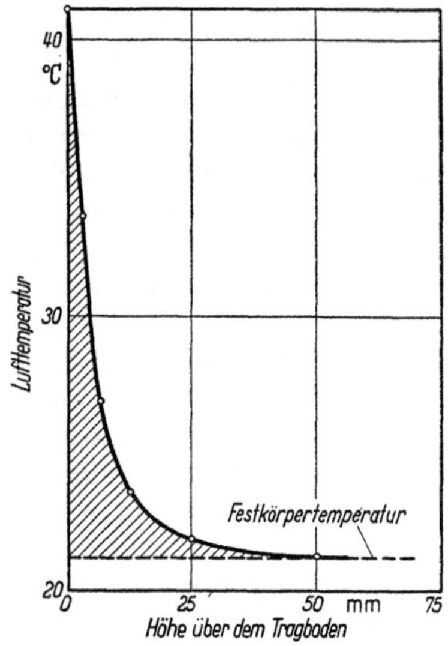

Abb. 55. Temperaturabfall eines warmen Gasstroms beim Eintritt in eine Wirbelschicht von feuchten Teilchen, mittlerer Korndurchmesser: 0,5 mm, Schichthöhe: 8,4 cm, Luftgeschwindigkeit: 2000 kg/m² h

Man findet β durch graphische Integration gemäß

$$\beta = \frac{v\,\varrho\,c_p(\vartheta_1 - \vartheta_2)/r}{F\int\limits_0^z (p^* - p)\,dz}. \tag{74}$$

Hierin bedeutet ϑ_1 wie üblich die Eintrittstemperatur, r ist die normale Desorptionswärme, F ist die Teilchenoberfläche (die Teilchen wurden als glatte Kugeln gerechnet) je Volumeneinheit der Wirbelschicht. Als Wasserdampfpartialdruck an der Teilchenoberfläche, p^*, wurde der Sättigungsdruck, welcher der Luftaustrittstemperatur entsprach, eingesetzt.

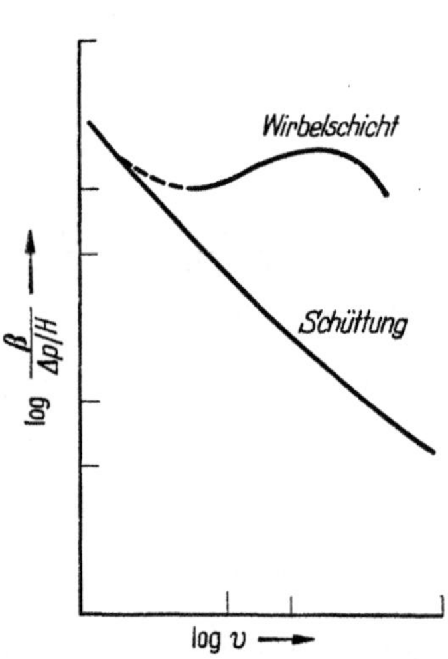

Abb. 56. Vergleich von Wirbelschicht und Schüttung hinsichtlich des Verhältnisses von Stoffübergang zum Druckverlustaufwand

Innerhalb des untersuchten Bereichs von $9 < Re < 54$ ergab sich folgende Abhängigkeit:

$$\frac{\beta\,P_{Bm}\,M}{G} = 0{,}0018\,(Re)^{0,3}. \tag{75}$$

Die Stoffübergangszahl steigt demnach mit der Gasgeschwindigkeit viel stärker an als bei den Ergebnissen von MCCUNE und von CHU. Allerdings sind die Werte von β nach Gl. (75) etwa um eine Größenordnung kleiner.

Ähnlich wie der Wärmeübergang zwischen Trägermedium und Wirbelgut ist also auch der Stofftransport noch wenig geklärt. Feststehen dürfte, daß die Stoffübergangszahl kleiner als in ruhenden Haufwerken ist. Da aber in der Wirbelschicht hohe Gasgeschwindigkeiten bei gleichbleibendem Druckverlust eingestellt werden können, ergibt sich gegenüber der Schüttung doch ein Vorteil. Dieser geht z.B. aus Abb. 56 nach McCune und Wilhelm [*48*] hervor. Hier ist das Verhältnis von β zum Druckaufwand $\Delta p/H$ in Abhängigkeit von der Strömungsgeschwindigkeit aufgetragen. Man könnte demnach in der Wirbelschicht um eine Größenordnung ökonomischer arbeiten.

3.4 Mischeffekte im Trägermedium

In den beiden vorigen Absätzen wurde die Frage, ob das strömende Medium mit praktisch ebener Front oder aber mit einer rückmischenden Bewegung die Wirbelschicht durchströmt, nicht klar beantwortet.

Für Gaswirbelschichten wurde dieses Problem nun von Gilliland und Mason [*51*] untersucht. Bei einer mit einem Helium-Luft-Gemisch aufgewirbelten Glaskugelschicht wurde ab einem gewissen Zeitpunkt der Heliumzufluß abgeschaltet. Ohne Rückmischung sollte man nun erwarten, daß, wenn ein dem Hohlraumanteil der Wirbelschicht äquivalentes Luftvolumen nachgeflossen ist, alles heliumhaltige Gas verdrängt und im Abgas nur mehr reine Luft festzustellen ist. Ein bestimmter Gasanteil würde unter dieser Voraussetzung das vor ihm vorhandene Gas wie ein Kolben vorwärtsschieben.

Eine solche Art der Durchströmung nennt man Pfropfenströmung (piston flow). Bei idealer Durchmischung würde die zu verdrängende Komponente zuerst schnell, dann aber immer langsamer abnehmen.

Die experimentellen Ergebnisse zeigten, daß in den untersuchten Wirbelschichten eine starke Rückmischung eintrat. Sie sind in Abb. 57 dargestellt.

Diese gilt für eine Wirbelschicht aus feinen Katalysatorkugeln mit Teilchengrößen bis 0,1 mm, welche in einem Rohr von 63,5 mm lichter Weite aufrechterhalten wurde und wobei ein Höhe-Durchmesser-Verhältnis von etwa 24 angewendet wurde. Über die Anzahl der vom nachströmenden Gas verdrängten Hohlraumanteile der Wirbelschicht ($vt/\varepsilon H$) ist das Verhältnis der jeweilig im Abgas gemessenen Heliumkonzentration zur Anfangskonzentration aufgetragen. Für die „Pfropfen"-Strömung muß dieses Verhältnis nach $vt/\varepsilon H = 1$, also einmaligem Austausch, plötzlich auf den Wert 0 absinken.

Die Wirbelschichtlinie liegt nun sehr nahe bei der für die ideale Durchmischung gerechneten Kurve. Bereits bei einem Ablauf von $vt/\varepsilon H \sim 0{,}15$ tritt eine Verminderung der Heliumkonzentration auf, ein Zeichen, daß schon Luft durch die Schicht vorgedrungen ist. Die Geschwindigkeit dieser Anteile müßte etwa sechsmal größer sein, als der mittleren aus Gasmenge und Querschnitt berechneten Gasgeschwindigkeit entspricht. Natürlich könnte dies auch durch das Durchbrechen von Gasblasen bewirkt werden.

Als unterbrochene Linie ist in Abb. 57 auch noch das Verhalten einer Schüttung eingezeichnet. Diese nähert sich der idealen Pfropfen-

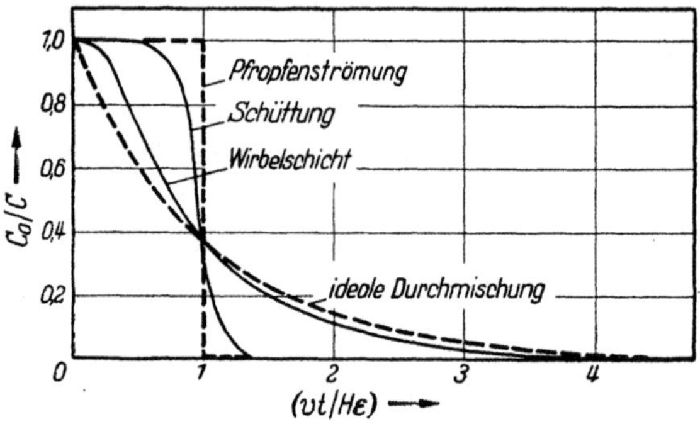

Abb. 57. Verweilzeitdiagramm des Trägergases in einer Wirbelschicht aus feinen Katalysatorteilchen. Zum Vergleich sind auch Meßwerte für eine Schüttung mit eingetragen sowie die berechnete Abhängigkeit für vollständige Durchmischung und für die Pfropfenströmung

Strömung. Gröberes Wirbelgut als das der Abb. 57 zeigt ebenfalls mehr das Verhalten von Schüttungen. Auch glatte Teilchen ergeben geringere Durchmischung als die Katalysatorteilchen mit aufgerauhter Oberfläche. Bezeichnet man die Neigung der Verweilkurven mit m, so charakterisiert $m\,d(vt/\varepsilon H)$ jenen Anteil der Strömung, welcher in der Wirbelschicht bis zur Zeit t verweilt und sie vor Ablauf von $t + dt$ verläßt. Auf diese Weise kann man das Verweilzeitspektrum des Trägergases in der Schicht ermitteln. Es ist dann auch möglich, den Einfluß der Rückmischung auf den Ablauf der chemischen Reaktion des Trägergases zu berechnen.

Eine Komponente des Trägermediums, deren Anfangskonzentration mit C_1 bezeichnet sei, soll irgendwie reagieren. Jeder Zeit t entspricht dann eine Konzentration C_R an noch nicht reagierter Substanz, so daß sich für den reagierten Anteil, also den Umsatzgrad $1 - \frac{C_R}{C_1}$ ergibt. Für den am Austritt des Gases aus der Schicht zu findenden reagierten Anteil, welcher sich aus den Elementen aller vorkommenden Verweilzeiten zusammensetzt, findet man:

$$1 - \frac{C_2}{C_1} = \int_0^\infty \left(1 - \frac{C_R}{C_1}\right) m\,d\,(vt/\varepsilon H)\,. \tag{76}$$

Für die Umsatzgeschwindigkeit einer monomolekularen Reaktion gilt:

$$1 - \frac{C_{\bar{R}}}{C_1} = 1 - e^{-kt},$$

(k = Geschwindigkeitskonstante).

Damit läßt sich Gl. (76) an Hand einer experimentell ermittelten Verweilkurve auswerten. Dies zeigt die Abb. 58. Hier sind relativ gegenüber der Pfropfenströmung die Schichthöhen von verschiedenen Wirbelschichten und Schüttungen dargestellt, bei welchen sich gleicher Umsatz ergeben würde. Durch die Rückmischung muß die Wirbelschicht höher werden als eine Schüttung. Ähnlich verlaufen auch die Kurven für Reaktionen höherer Ordnung, nur ist die notwendige Schichthöhe, insbesondere bei den hohen Umsätzen, gegenüber der idealen nicht zur Vermischung neigenden Strömung noch ungünstiger.

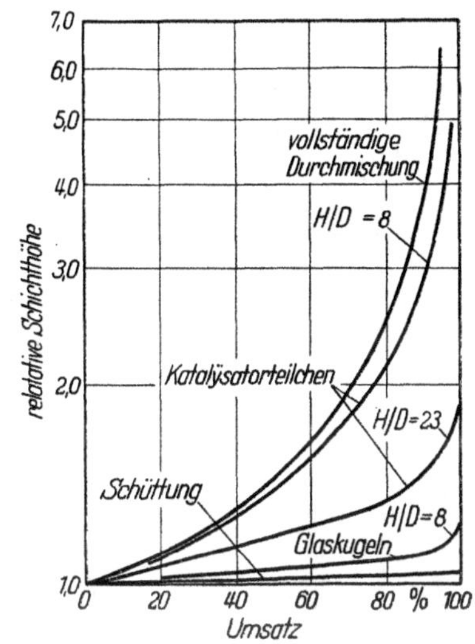

Abb. 58. Abhängigkeit der Schichthöhe vom erzielbaren Umsatz einer monomolekularen Gasreaktion. Die jeweilig für die Pfropfenströmung erforderliche Schichthöhe wurde gleich Eins gesetzt

Bei Flüssigkeitswirbelschichten ist der Mischeffekt geringer. Wicke und Trawinski [52] haben die Ausbreitung eines Freistrahls aus Salzsäure oder Warmwasser in Wasserwirbelschichten gemessen. Den Vermischungstransport längs eines Konzentrationsgefälles kann man durch einen Vermischungskoeffizienten D_v (analog zum Diffusionskoeffizienten) charakterisieren.

Für eine im Vergleich zum Wirbelschichtrohrdurchmesser kleine Quelle vom Durchmesser d_i, welche die Konzentration C_0 ausstößt, ergibt sich für die Konzentrationsverteilung in Zylinderkoordinaten (Achse z in Strömungsrichtung, r = Radius):

$$C(r, z,) = k \frac{v}{z} e^{-\frac{v r^2}{4 D_v z}},$$

$$k = \frac{d_i^2 C_0}{16 D_v}. \qquad (77)$$

Die Konzentration verteilt sich also über dem Wirbelschichtquerschnitt in Form von Glockenkurven, welche mit zunehmender Entfernung von der Quelle immer flacher werden. Für den Vermischungskoeffizienten fanden Wicke und Trawinski bei Glaskugeln von 0,3 bis 1 cm Durchmesser und Wassergeschwindigkeiten von 4,7–11 cm/sek folgende empirische Relation:

$$D_v = 0{,}1\, v\, d^{0,85}, \tag{78}$$

(D_v in cm²/sek, v in cm/sek, d in cm).

Es treten also Werte in der Größenordnung von 0,1–1 cm²/sek auf, welche etwa den Diffusionskoeffizienten niedrigmolekularer Gase unter Normalbedingungen entsprechen.

3.5 Mischeffekte im Wirbelgut

Die ausgleichende Wirkung der Festkörperbewegung in der Wirbelschicht wurde bereits oft erwähnt. Wird z. B. der untere Teil einer Wirbelschicht durch einen Kühlmantel gekühlt und der obere Teil etwa durch die Apparatewand geheizt, so erhält man durch die Mischbewegung eine weitgehende Vergleichmäßigung der Temperatur. Dies zeigt die Abb. 59 nach GILLILAND und MASON [53], in welcher der Temperaturverlauf für den leeren, mit Luft durchströmten Apparat sowie der Temperaturverlauf mit einer Wirbelschicht aus feinem Gut längs der Rohrachse eingezeichnet sind. Mit Hilfe der Wirbelschicht konnten etwa 90% der dem Heizer zugeführten Wärme an die Kühlzone übertragen werden. Die Temperaturverteilung längs der Achse täuscht allerdings zu große Gleichmäßigkeit vor. Am Rande herrschten im oberen Teil wesentlich höhere Temperaturen als in der Mitte. Im unteren Teil glichen sich diese Unterschiede aus. Dies weist auf eine besondere Partikelströmung entlang der Wand hin.

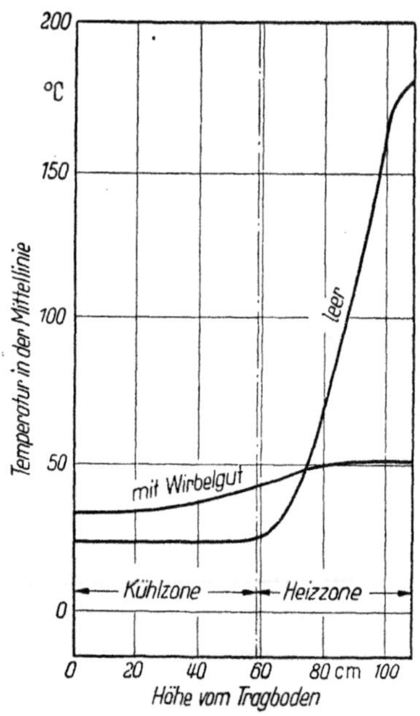

Abb. 59. Temperaturverteilung in einer Wirbelschicht aus feinen Teilchen (Trägergasgeschwindigkeit: 0,365 m/sek), welche in eine Heiz- und eine Kühlzone unterteilt wurde

Angenähert kann man infolge dieser starken Durchmischung einer Wirbelschicht ähnliche Verhältnisse zuschreiben, wie sie in einem mit einer Mischvorrichtung versehenen Flüssigkeitsbehälter auftreten (KALBACH [54]). Wird aus einer Wirbelschicht kontinuierlich Gut, etwa mit einem Mengenstrom q_2 $[m t^{-1}]$ abgezogen, so muß eine entsprechende Menge q_1 nachfließen, um die Schichthöhe konstant zu halten. Erfolgt in der

Schicht keine mit Massenänderungen verlaufende Reaktion des Festkörpers, so ist $q_1 = q_2$. Besitzt die Wirbelschicht ein Volumen V, so ist $V(1-\varepsilon)\,\varrho_f$ die in der Schicht befindliche Feststoffmenge. Die mittlere Verweilzeit $\bar{t}$ des Festkörpers ergibt sich aus der Zeit, in welcher die in der Schicht befindliche Menge einmal ausgelaufen ist.

$$\bar{t} = v(1-\varepsilon)\varrho_f/q_2\,. \tag{79}$$

Bei vollständiger idealer Durchmischung wird ein Anteil des Eintrags bereits nach Ablauf einer infinitesimalen Zeit im Austrag erscheinen. Andere Anteile werden länger, weit über $\bar{t}$ hinaus, verweilen. Die zeitliche Änderung der jeweils noch in der Schicht verbleibenden Anteile wird um so größer sein, je größer dieser Anteil selbst ist. Es gilt:

$$\frac{\mathrm{d}N}{\mathrm{d}t} = -\operatorname{const} N, \tag{80}$$

(N = Anteil des Eintrags, welcher länger als die Zeit t in der Schicht verweilt).

Für const findet man den Wert $1/\bar{t}$, so daß Gl. (80) nach der Integration

$$N = \mathrm{e}^{-t/\bar{t}} \tag{81}$$

ergibt.

Für eine Serie von n hintereinander geschalteten Gefäßen, in denen jeweils die Anteile N_i länger als t verweilen, findet man

$$\sum_{n=1}^{n} N = \mathrm{e}^{-t/\bar{t}}\left(1 + \frac{t}{\bar{t}} + \frac{t^2}{2\bar{t}^2} + \cdots \frac{t^{(n-1)}}{(n-1)!\,\bar{t}^{(n-1)}}\right). \tag{82}$$

In Abb. 60 ist nun die Funktion Gl. (81) für einen einzelnen sowie für fünf hintereinander geschaltete Behälter in Abhängigkeit von der

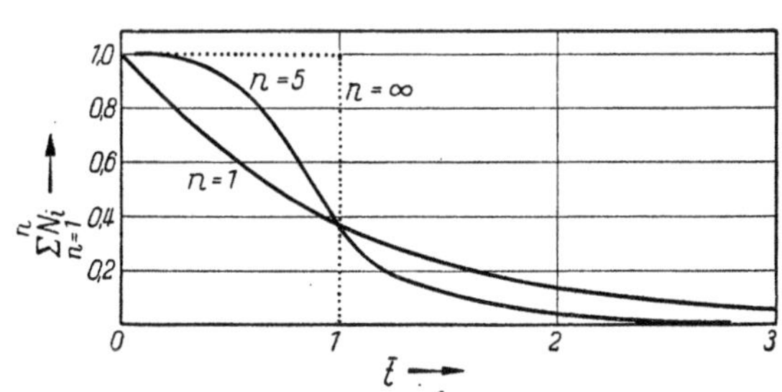

Abb. 60. Verteilung der Verweilzeit bei ideal durchmischten Behältern, n = Anzahl der hintereinander geschalteten Stufen

mittleren Verweilzeit $\bar{t}$ graphisch dargestellt. In einem einstufigen Mischer sind also noch vor Ablauf der mittleren Verweilzeit bereits 36,8% des Eintrags aus dem Gefäß ausgetragen worden. Bei fünf hintereinander geschalteten ideal durchmischten Behältern reduziert sich der

Anteil der sofort ausfließenden Partikel erheblich, und die tatsächlichen Verweilzeiten nähern sich stärker der mittleren Verweilzeit.

Nun tritt in einer Wirbelschicht keine unendlich starke Vermischung auf. Man kann sich aber vorstellen, daß ein am Rande einer ausgedehnten Wirbelschicht zugeführter Teilchenstrom von der dort herrschenden Zirkulationsströmung erfaßt und in einen Teil der Schicht eingearbeitet wird. Aus diesem ersten Abschnitt werden die Teilchen an einen zweiten abgegeben und durchwandern so die Schicht. Die Verhältnisse wären dann ähnlich wie bei mehreren hintereinander geschalteten durchmischten Behältern.

BRÖTZ [43] hat Messungen für den Durchmischungskoeffizienten in einer Wirbelschicht durchgeführt. Eine langgestreckte Schicht wurde durch einen Schieber in zwei Kammern unterteilt. In der einen befand sich gefärbter, in der anderen ungefärbter Sand. Wurde der Trennschieber für eine gewisse Zeit entfernt, so trat eine Vermischung auf. Nach der Trennung ließ sich die Konzentration der Komponenten ermitteln, und durch Auswertung der FICKschen Gleichung ergibt sich der Mischungskoeffizient M $[l^2\, t^{-1}]$. Dieser ist in Abb. 61 für verschiedene Anströmböden und Korngrößen in Abhängigkeit von v/v_L dargestellt.

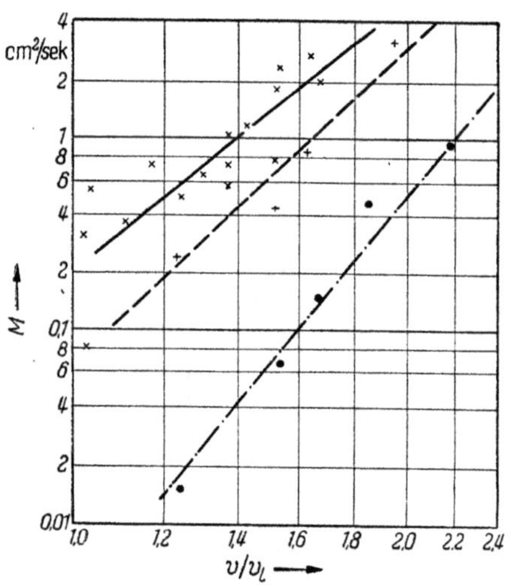

Abb. 61. Mischungskoeffizienten von verschieden gekörnten Wirbelgütern

Korngröße	Anströmboden
× 0,4–0,5	Keramische Filterplatte
+ 0,4–0,5	Perlontuch
· 0,2–0,3	Perlontuch

Die Vermischung steigt, wie zu erwarten, mit der Gasgeschwindigkeit an. Interessant ist, daß gröbere Teilchen sich schneller durchmischen. Der Filtersteinboden gibt eine bessere Mischung als das den Trägergasstrom sehr fein verteilende Gewebe. Der Vermischungskoeffizient besitzt dieselbe Größenordnung wie der Diffusionskoeffizient ruhender Gase.

Auch für den durch die Durchmischung hervorgerufenen Wärmetransport liegen Meßergebnisse vor. PETERS, ORLICEK und SCHMIDT [55] ordneten in einer langgestreckten Wirbelschicht ein querliegendes Heizelement aus Widerstanddrähten an. Durch diese besondere Anordnung des Heizers trat keine Störung der Strömungsverhältnisse in der Wirbelschicht auf.

Es konnten sich auch keine Strömungen entlang der Heizfläche ausbilden, und die vom Heizelement entwickelte Wärme wurde lediglich durch die Mischbewegung der Teilchen in die Schicht übergeführt. Es wurde kein eigentlicher Anströmboden benutzt, sondern das Trägergas wurde durch ein perforiertes Rohr, welches am Boden den Apparat durchzog, eingeblasen. Die Temperaturverteilung senkrecht zur Heizfläche längs der Koordinate x ergibt sich für den stationären Zustand $\left[\left(\frac{d\vartheta}{dt}\right)_x = 0\right]$ aus folgender Differentialgleichung

$$\lambda_M \frac{d^2\vartheta_f}{dx^2} - \alpha_f F\left(\vartheta_f - \frac{\vartheta_2 - \vartheta_1}{2}\right) = 0\,, \tag{83}$$

(F = Teilchenoberfläche je Volumeneinheit der Wirbelschicht).

Der erste Term stellt den durch die Mischwirkung hervorgerufenen Wärmetransport, charakterisiert durch eine effektive Wärmeleitzahl λ_M dar, während der zweite Term die jeweils an das Trägergas abgegebenen Wärmemengen beschreibt. ϑ_1 und ϑ_2 stellen die jeweilige Trägergaseintritts- und -austrittstemperatur dar. Die Temperatur des Festkörpers ϑ_f wurde mit einem ungeschützten Thermoelement gemessen, wodurch allerdings eine große Unsicherheit bei der Auswertung von Gl. (83) auftritt. Es wurden λ_M-Werte von etwa 3–5 kcal/cm °C sek gemessen. Dies ist ein Mehrfaches der Wärmeleitzahl von Silber. Für die Wärmeübergangszahl α_f zwischen Trägergas und Teilchen wurden etwa 1–1,5 kcal/m² h °C gefunden. Diese Werte korrespondieren mit den von WAMSLEY und JOHNSON [*44*] gefundenen Zahlen.

II. Praktische Anwendungen der Wirbelschichttechnik

4. Die Vergasung von festen Brennstoffen

4.1 Der Winklergenerator

Bei der Erzeugung von Generator- und Wassergas aus festen Brennstoffen treten folgende Primärreaktionen auf:

$$C + CO_2 = 2\,CO\,, \quad \text{(Boudouard-Reaktion)}$$
$$C + H_2O = CO + H_2\,,$$
$$C + 2\,H_2O = CO_2 + H_2\,.$$

Diese Vorgänge sind endotherm, doch wird bei den meisten technischen Gaserzeugern die erforderliche Wärme durch Verbrennen eines Teils der Kohle mit Sauerstoff erzeugt. Als Brennstoff werden Steinkohle oder Braunkohle, im natürlichen Zustand oder in entgaster Form, als Koks, eingesetzt. Während das ohne wesentliche Wasserdampfzusätze hergestellte Generatorgas hauptsächlich als Heizgas Verwendung findet, bildet das Wassergas auch einen Rohstoff für Synthese- und Hydrierprozesse. Die klassischen Generatoren arbeiten mit grobstückiger Füllung, welche im Gegenstrom zum aufsteigenden Gas nach unten wandert. Die Asche wird in fester Form durch einen rotierenden, kegelförmigen Rost oder in flüssiger Form im sogenannten Schlackenabstichgenerator ausgetragen. Diese Generatoren werden üblicherweise bis zu Durchmessern von etwa 3,5 m gebaut. Ihre spezifische Belastbarkeit liegt beim Drehrostgenerator um 1000 Nm^3 Gas je Stunde und m^2 Schachtquerschnitt. Beim Schlackenabstichgenerator ist sie um etwa 50% höher.

Es war daher ein großer Erfolg, als F. WINKLER vor etwa 30 Jahren Wirbelschichtgeneratoren mit Durchmessern bis zu 5,5 m und einer spezifischen Belastbarkeit bis zu etwa 2500 Nm^3/m^2 h Wassergas entwickelte. Es war dies die erste großindustrielle Anwendung der Wirbelschichttechnik. WINKLER stieß auf den Wirbelschichtzustand, als er die Herstellung aktiver Kohle aus Braunkohlenschwelkoks (Grude) studierte. Die Arbeitstechnik ließ sich dann auch auf die Vergasung von mitteldeutscher Braunkohle und Grude übertragen, und es ergab sich schließlich durch Anwendung von reinem Sauerstoff in Kombination mit Wasserdampf die Möglichkeit der kontinuierlichen Wassergaserzeugung, welche den zu dieser Zeit aufkommenden dringenden Bedarf an Wasserstoff und Kohlenoxyd für Hydrierungen und Synthesen vorteilhaft befriedigen konnte. Auch Stickstoffsynthesegas läßt sich im WINKLER-Generator durch Anwendung von auf 50% Sauerstoff angereicherter Luft erzeugen.

Der Aufbau eines WINKLER-Generators geht an Hand von zwei Beispielen, einer älteren (a) und einer moderneren Ausführungsform (b) aus Abb. 62a u. b hervor.

In der ursprünglichen Ausführungsform (BOSCH [*56*]) wurde der unten etwas eingezogene Schacht durch einen aus einzelnen Stäben aufgebauten Schlitzrost abgeschlossen. Die Wirbelschicht von etwa 2 m Höhe wird bei Wassergasbetrieb vermittels eines Sauerstoff-Wasserdampf-Gemisches als Trägergas in Bewegung gehalten. Das Wirbelgut besteht aus mehr oder weniger aufgezehrten Brennstoffteilchen. Die an Asche stark angereicherten Partikel halten sich bevorzugt in Rostnähe auf, wo sie durch einen wassergekühlten Rührarm nach der Austragsöffnung transportiert werden, von der aus eine ebenfalls wassergekühlte Schnecke die Weiterförderung übernimmt. Der Eintrag des Brennstoffs erfolgt seitlich, unterhalb der Schichtoberfläche. Da der Brennstoff in weiter Kornverteilung eingesetzt wird, werden die feineren Teilchen bald aus der Wirbelschicht hochgeblasen. Über den ursprünglichen Anteil an Feinem hinaus entsteht noch Staub durch Kornzerfall- und Abbrand.

Die Flugstaubteilchen sind, wenn sie die Schicht verlassen, noch reaktionsfähig, so daß eine sekundäre Sauerstoffzufuhr im Gemisch mit

Wasserdampf notwendig ist. Dadurch tritt auch gegenüber der Schicht eine Temperaturerhöhung auf. Die Schachthöhe betrug bei den älteren Ausführungen 15 m. Eine charakteristische kugelförmige Erweiterung sollte die Verweilzeit der Flugstaubwolke vergrößern. Später wandte man auch noch eine zusätzliche Staubabsetzkammer mit Rückführung in die Schicht an, doch verringerten die im Schacht und in der Wirbelschicht sich anreichernden Feinanteile den Durchsatz.

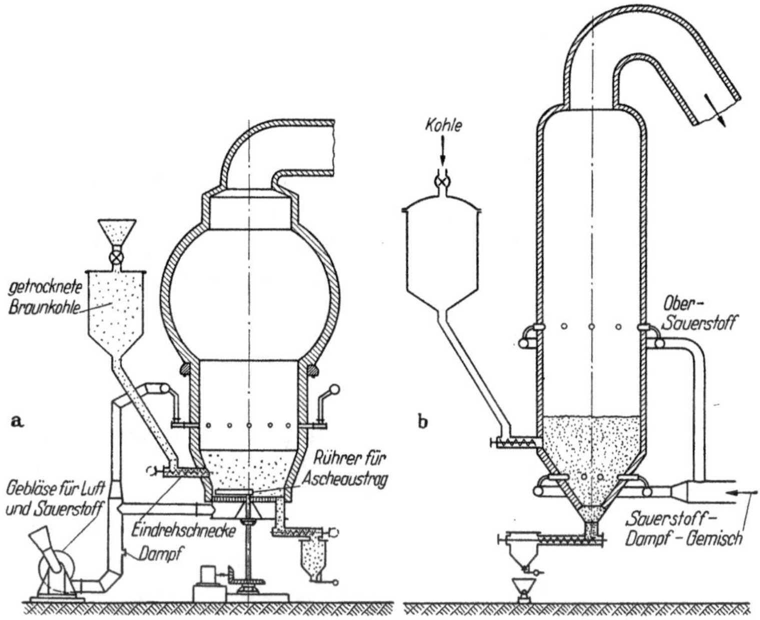

Abb. 62a u. b. Schematischer Aufbau eines WINKLER-Generators
a) ältere Bauart mit Rost; b) rostlose Anordnung mit Austrag am tiefsten Punkt

Bei den späteren Ausführungen hat man die Schachterweiterung und auch die Rückführung aufgegeben und an ihrer Stelle einen höheren, glatten Schacht von etwa 22 m Länge angeordnet. Bei der neueren Ausbildungsform des WINKLER-Generators nach SABEL [57] wird die Wirbelschicht in einem konischen Raum ausgebildet, in dem das Trägergas seitlich eintritt. Der Austrag der Asche erfolgt an der Spitze des Kegels. Es hat sich gezeigt, daß man bei diesem Typ die Wirbelschicht etwas heißer betreiben kann, ohne daß eine Verschlackung eintritt. Der Fortfall des Rührarms vermindert die Störanfälligkeit.

Das aus den Generatoren austretende Gas hoher Temperatur enthält keine Teerbestandteile mehr, wie sie z.B. bei den anfangs erwähnten im Gegenstrom betriebenen Schachtgeneratoren auftreten. Wohl aber ist der Staubgehalt sehr hoch.

Das heiße Gas muß daher entstaubt werden. Zuerst wird es über einem Dampfkessel abgekühlt, wobei bereits ein großer Teil des Flugstaubes ausfällt. Danach kommt ein Fliehkraftabscheider und ein Kühlturm, dem ein Schleuderwäscher als Endstufe folgt, welcher ein Gas mit einigen mg/m^3 Staub ergibt.

Der WINKLER-Generator kann aber nur sehr reaktionsfähige Brennstoffe mit hohem Aschenschmelzpunkt verarbeiten. Es sind dies vor allem die mitteldeutschen Braunkohlen und Grude sowie einige junge Steinkohlen. Selbst hierbei aber enthält der Flugstaub und noch mehr der Aschenaustrag Kohle. Da der Flugstaub aber in einem Staubbrenner zur Dampfkesselfeuerung ausgenutzt werden kann, ergibt sich, wenn noch zusätzlich zum Generatorbetrieb Dampf benötigt wird, eine nutzbringende Verwendung.

Die Betriebsdaten der Generatoren sind sehr von der Natur des Brennstoffs abhängig. Die Korngröße desselben kann zwischen 0 und 10 mm liegen. Der Schwerpunkt der Kornverteilung soll bei einem Korndurchmesser von etwa 2 mm liegen. Die Wirbelschichttemperatur wird möglichst dicht am Aschenschmelzpunkt gehalten und beträgt 800 bis maximal 1100 °C, die Schachttemperatur liegt um etwa 50 °C höher. Das Volumenverhältnis von Sauerstoff zu Wasserdampf beträgt etwa 1:1,4. Der sekundär als Oberwind eingeblasene Sauerstoff macht etwa 1/10 bis 1/3 der Gesamtmenge aus. Die Gaszusammensetzung kann man etwa durch einen Gehalt von 17% CO_2, 42% CO und 38% H_2 charakterisieren.

Der Hauptanteil der Asche, nämlich 80–90%, fällt als Flugstaub an, wobei das Abgas 100–300 g/m^3 Feststoff enthält. Bei Grude mit einem Aschengehalt von 26,5% enthält der Flugstaub 70–75%, der Schichtaustrag 60–70% Asche, so daß etwa 15% der Kohle nicht ausgenutzt werden. Je Nm^3 $(CO + H_2)$ benötigt man etwa 0,75 m^3 Lignit und 0,33 m^3 Sauerstoff.

4.2 Theoretische Behandlung der Vergasungsreaktionen in der Wirbelschicht

Der Einfluß der Reaktionsfähigkeit der zu vergasenden Kohle und der Temperatur wird durch eine von HEDDEN [*58*] gegebene Berechnung der Umsatzgeschwindigkeit der Reaktion $CO_2 + C = 2CO$ deutlich gemacht. Die Umsetzung erfolgt sowohl an der äußeren wie an der inneren Oberfläche der Kohle, wobei der Transport der gasförmigen Partner an die äußere Oberfläche, der Transport durch das Porensystem ins Innere und die eigentliche chemische Oberflächenreaktion hintereinander geschaltet sind.

In einer Schicht aus Kohleteilchen, welche vom Gas in x-Richtung von unten nach oben mit idealer Pfropfenströmung durchflossen sei, wird ein horizontales Element, welches sich in der Höhe x befindet und dessen Dicke dx betrage, betrachtet. Infolge der Umsetzung vergrößert sich die Gasgeschwindigkeit längs der Strömungsrichtung. Ihre Größe am Punkte x betrage v_x (Leerrohrgeschwindigkeit). Die jeweilige Kohlendioxydkonzentration betrage C_x (Mole/Volumeneinheit).

Für den Umsatz im Höhenintervall dx kann man setzen:

$$d(v_x C_x) = k_{\text{eff}} C_x d_x . \tag{84}$$

Die alle zur Reaktion führenden Vorgänge umfassende Geschwindigkeitskonstante k_{eff} hat die Dimension (t^{-1}), $k_{\text{eff}} C_x$ gibt also an, wieviel Mole Gas in der Volumeneinheit der Generatorfüllung je Zeiteinheit umgesetzt werden, während Gl. (83) die örtliche Umsatzgeschwindigkeit auf die Einheit des Schachtquerschnitts bezogen beschreibt.

Bei tieferen Temperaturen ist die chemische Reaktion an der Kohlenoberfläche der langsamste Vorgang und bestimmt die Geschwindigkeit des Umsatzes. Für k_{eff} ergibt sich die Temperaturfunktion

$$k_{\text{eff}} = H\,\mathrm{e}^{-E/RT} M_C \equiv k_m M_C . \tag{85}$$

M_C = Brennstoffmasse in der Volumeneinheit der Schicht ($m\,l^{-3}$),
H = Häufigkeitsfaktor ($l^3 m^{-1} t^{-1}$),
E = Aktivierungsenergie.

Die einzelnen Größen dieser Gleichung lassen sich experimentell bestimmen.

Die Reaktionsfähigkeit k_m steigt nun mit der Temperatur sehr steil an, während der für die Porendiffusion durch einen wirksamen Diffusionskoeffizienten D charakterisierte Transport nur etwas stärker als $T^{1,5}$ wächst. Daher wird bei höherer Temperatur ins Innere nicht so viel Gas nachgeführt, wie die eigentliche chemische Reaktion verarbeiten könnte. Man kann dies durch die Einführung eines Nutzungsgrades $\eta\,(\leqq 1)$ berücksichtigen. An Stelle von Gl. (87) kommt dann

$$k_{\text{eff}} = \eta\, k_m M_C . \tag{86}$$

Für kugelförmige Teilchen gilt

$$\eta = \frac{1}{\varphi}\left(\frac{1}{\operatorname{tgh}\varphi} - \frac{1}{3\varphi}\right),$$

mit

$$\varphi = \frac{d_k}{6}\sqrt{\frac{k_m\,\varrho_s}{D_v}} .$$

Dabei bedeutet ϱ_s die scheinbare Dichte des porösen Festkörpers. Im allgemeinen ist D_v etwa ein Viertel des Diffusionskoeffizienten im freien Gasraum.

Bei sehr hohen Temperaturen wird schließlich der Stofftransport an die Kornoberfläche allein maßgebend. Es gilt dann

$$k_{\text{eff}} = F\,\beta\,,$$

F = Teilchenoberfläche pro Volumen-Einheit der Schicht, (l^{-1})
β = Stoffübergangszahl, ($l\,t^{-1}$).

HEDDEN hat die Geschwindigkeitskonstanten k_{eff} für einen Schwelkoks von 2 mm Korndurchmesser mit einer Reaktionsfähigkeit gegen CO_2 von

$$k_m = 10^{15}\,e^{-86000/RT}\,(\text{cm}^3/\text{g sek})$$

berechnet. Das Ergebnis ist in Abb. 63 dargestellt. Die Reaktionsfähigkeit nimmt mit der Temperatur außerordentlich stark zu, und die Zunahme flacht erst ab, wenn der Transport zur Grenzfläche geschwindigkeitsbestimmend wird. Es sollte also das Ziel jedes Vergasungsverfahrens sein, mit der Temperatur so hoch als möglich zu gehen. Für die Wirbelschicht ist die oberste Grenze allerdings durch den Aschenschmelzpunkt bestimmt.

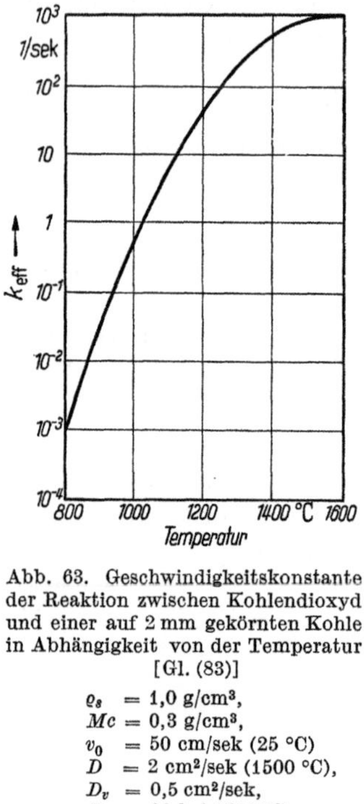

Abb. 63. Geschwindigkeitskonstante der Reaktion zwischen Kohlendioxyd und einer auf 2 mm gekörnten Kohle in Abhängigkeit von der Temperatur [Gl. (83)]

ϱ_s = 1,0 g/cm³,
Mc = 0,3 g/cm³,
v_0 = 50 cm/sek (25 °C)
D = 2 cm²/sek (1500 °C),
D_v = 0,5 cm²/sek,
Re = 30 bei 1500 °C

Aus der Geschwindigkeitskonstanten läßt sich durch Integration von Gl. (84) der Umsatzgrad für Pfropfenströmung berechnen, wobei natürlich die Volumenverdoppelung durch die Reaktion zu berücksichtigen ist.

Für ein Trägergas, welches am Eintritt auf einen Teil Sauerstoff 4 Teile Stickstoff und einen Teil Kohlendioxyd enthielt, ergab sich bei rund 1000 °C ein Umsatz von 43% bei 2 m Schichthöhe. Wenn die Reaktionsgeschwindigkeit groß genug gewesen wäre, um die Vergasungsreaktion bis zum Gleichgewicht zu führen, wäre eine Temperatur von etwas über 700 °C aufgetreten, und der Umsatzgrad hätte einen Wert von 66% erreicht.

LEWIS, GILLILAND und MCBRIDE [*59*] haben in einem Laborapparat die Reaktion zwischen vorentgaster amerikanischer Anthrazitkohle sowie Koks und Kohlendioxyd untersucht. Der Versuchsapparat war elektrisch von außen beheizt, hatte eine lichte Weite von 45 mm, und die Schichthöhe betrug 2 m. Der Brennstoff war sehr fein gemahlen, so daß der

Schwerpunkt der Korngrößenverteilung bei 0,2 mm lag. Demgemäß war die Belastbarkeit mit Trägergas nur gering und lag bei etwa 120 m^3/m^2 h. In Abb. 64 ist der Umsatzgrad des zugeführten Kohlendioxyds sowohl in Mischungen mit Stickstoff als auch mit CO für 2 Temperaturen dargestellt. Es tritt ein starker reaktionshemmender Einfluß von Kohlenmonoxyd auf. Der Umsatz bei der hohen Temperatur scheint zunächst ausreichend zu sein. Im praktisch kontinuierlichen Betrieb soll aber die Schicht hauptsächlich aus Asche bestehen, so daß man erheblich höhere Schichten anwenden müßte. Außerdem wäre wegen der geringen Gasbelastung auch der Durchsatz eines mit der Kohle von Abb. 64 gespeisten Generators sehr gering.

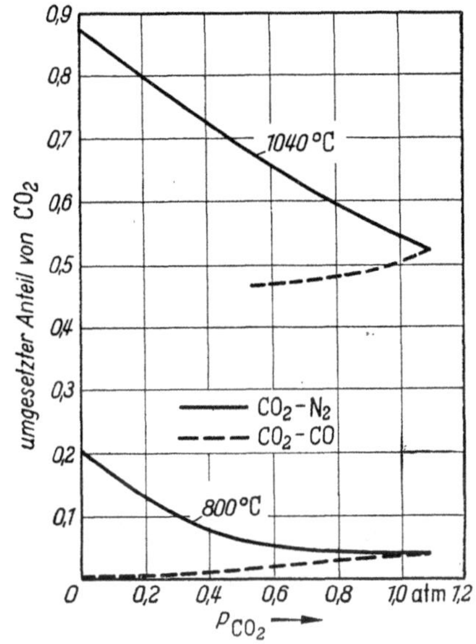

Abb. 64. Umsatzgrad von CO_2 in Mischung mit N_2 oder CO an feinem Koks mit 0,2 mm Korngröße bei verschiedenen CO_2-Partialdrücken bei 800 und 1040 °C. Schichthöhe 2 m

4.3 Vergasungsverfahren mit intermittierender Umkehr der Gasströmung

Erst wenn es gelingt, bei der Kohlenvergasung in der Wirbelschicht mit der Temperatur über den Aschenschmelzpunkt zu gehen und die geschmolzenen Schlacken von den zur Reaktion bestimmten Kohlekörnern zu separieren, wird man die Vergasung von Kohlen aller Art beherrschen.

Man kann solche Bedingungen in Brennstoff-Staub-Suspensionen erzeugen, die mit dem Trägergas weggeführt werden, aus denen man ausreagierte flüssige Schlacken abtrennen kann, indem man z.B. die Brennstoffsuspensionen tangential in eine zyklonartige Kammer einführt. Man hat diese Trennung im Schlackenabstichgenerator mit grobstückiger Füllung natürlich ebenfalls vorliegen.

Es scheint aber auch möglich, den Wirbelschichtprozeß so zu modifizieren, daß diese Separation eintritt. Dies gelingt (Flesch [*60*]), wenn man die Schicht nur von Zeit zu Zeit durchwirbelt und für die Vergasung die Richtung des Gasstromes umkehrt, also eine ruhende Schicht von oben nach unten durchströmen läßt.

In der obersten Lage reagiert dann der Sauerstoff unter Verbrennung der Kohle. Die Temperatur steigt in der Brennzone stark an und wandert unter Zurücklassung einer porösen Schlackenschicht nach unten. Das durch die Verbrennung gebildete kohlendioxydhaltige Gas setzt sich an der darunterliegenden Kohleschicht zu Kohlenmonoxyd um und gibt

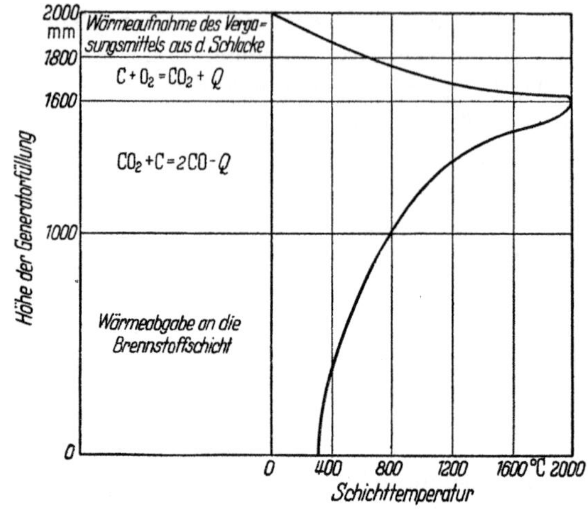

Abb. 65. Temperaturprofil in einer Kohleschicht mit von oben nach unten strömendem Gas

auf seinem weiteren Weg noch Wärme ab. Der Temperaturverlauf bei diesem Vorgang ist in Abb. 65 dargestellt. Um die sich anreichernde Schlacke der obersten Zone zu entfernen, wird periodisch die Gasbewegung umgekehrt und die Teilchen durch den nun aufwärts gerichteten Strom zum Wirbeln gebracht.

Hierbei bricht die Schlakkenkruste zusammen, und die Bruchstücke sinken auf den Rost ab und können von dort mechanisch ausgeräumt werden. Die oberste Schicht wird durch die von unten hochgemischten feinen Teilchen wieder neu gebildet.

Die praktische Ausführung des Verfahrens ist bisher allerdings nur in einer größeren Versuchsanlage studiert worden, deren Aufbau sich aus Abb. 66 ergibt. Man benutzt

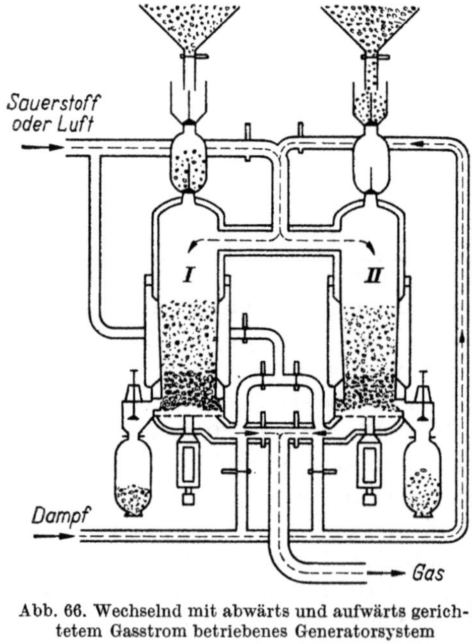

Abb. 66. Wechselnd mit abwärts und aufwärts gerichtetem Gasstrom betriebenes Generatorsystem

zwei miteinander gekoppelte Wirbelschichtreaktoren, die mit drehbaren Kegelrosten ausgerüstet sind, von denen messerartige Vorrichtungen die Schlacke in die Austragsbunker fördern. Bei der Heißblasperiode sind beide Generatoren parallel geschaltet, während in der Lockerungsperiode die beiden Apparate vom Gas hintereinander durchlaufen werden, wobei jeweils nur ein Apparat aufgewirbelt wird, während das Abgas den zweiten Apparat von oben nach unten durchströmt. Gleichzeitig mit der Aufwirbelung wird auch eingetragen. Ein Zyklus setzt sich dann aus vier folgenden Takten zusammen:

I. Heißblasen von I und II, Dauer: 11–12,5 Minuten,

II. Auflockern von I und II, Dauer: 1,5–3 Minuten,

III. Heißblasen von I und II, Dauer: 11–12,5 Minuten,

IV. Auflockern von II, Eintrag in II, Dauer: 1,5–3 Minuten.

Auf diese Weise ist es möglich, kontinuierlich Gas zu erzeugen. Die Belastbarkeit beträgt bis zu 1500 m^3/m^2 h Gas. Trotzdem ist das Abgas staubarm (50 mg/Nm^3), weil es die auf dem letzten Rost ruhende Schlakkenschicht passieren muß.

Aus der Aufstellung der Taktzeiten ist allerdings zu ersehen, daß das Verfahren weitgehend mit ruhender Schicht arbeitet.

Es können Kohlen bis zu 35% Aschengehalt verarbeitet werden. Eine weitere Leistungssteigerung ließe sich nach Flesch durch Anwendung höherer Drücke erzielen. Die Druckvergasung hat z.B. bei Verwendung einer abwärtswandernden relativ feinkörnigen Schicht (2–10 mm Korngröße) eine große Leistungssteigerung gegenüber den unter Normaldruck betriebenen Drehrostgeneratoren ergeben. Außerdem ist das unter Druck erzeugte Wassergas reicher an Methan und besitzt demgemäß einen hohen Heizwert.

4.4 Vergasungsverfahren mit Brennstoffkreislauf, Entgasung und Verbrennung von Kohle in der Wirbelschicht

Es ist auch versucht worden, den klassischen, kontinuierlichen Wirbelschichtprozeß beizubehalten, aber die Entwicklung der für die Vergasungsreaktion notwendigen Wärme nach außen zu verlegen. In einer von Rayner [*61*] beschriebenen Versuchsanlage erfolgt die Wärmezufuhr über den Wärmeinhalt des Brennstoffs. Dieser wird aus der Vergasungswirbelschicht dauernd abgezogen und über einen äußeren Kreislauf, in dem eine partielle Verbrennung mit Luft erfolgt, der Schicht wieder zugeführt. Die Vorrichtung ist schematisch in Abb. 67 dargestellt. Der Wirbelschichtreaktor hat etwas über 1 m Durchmesser. Der Austrag wird zum größten Teil in ein mit vorgeheizter Luft (500 °C) betriebenes Steigrohr gebracht, in dem die Kohle hochgeblasen wird.

Hierbei verbrennt ein geringer Anteil, und die Temperatur steigt auf rund 1000 °C, die Wirbelschichttemperatur liegt bei 950–980 °C. Am oberen Ende des Steigrohres befindet sich eine große Absetzkammer, aus der die erhitzte Kohle in die Wirbelschicht zurückläuft. Infolge des nur geringen Temperaturgefälles muß der Brennstoff sehr oft, bis zu 100mal, im Kreislauf geführt werden. Die Brennstoffkörnung liegt unter 0,5 mm, es wird also mit feinem Korn gearbeitet. Infolgedessen ist, ähnlich wie bei den Versuchen von Lewis und Mitarbeitern [*59*], die Belastung entsprechend gering und liegt bei etwa 125 m^3/m^2 h Gas. Der Austrag ist noch stark kohlehaltig, außerdem fallen etwa 25% des Gesamtaustrages in Staubform an. Demgemäß ist der Brennstoffverbrauch sehr hoch. Für 1 m^3 Wassergas benötigt man 0,88 kg Koks und 0,42 kg Wasserdampf.

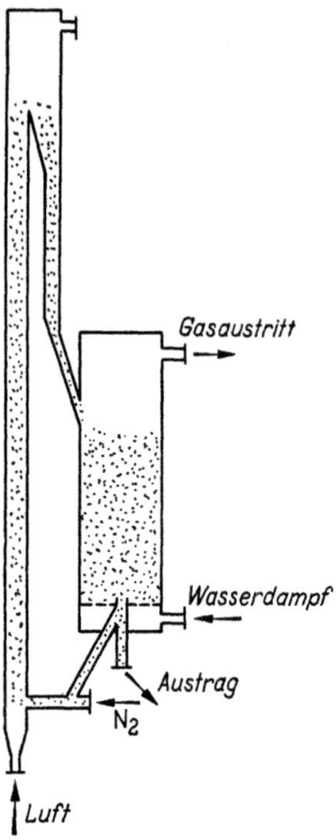

Abb. 67. Versuchsgenerator mit einem äußeren Kohlekreislauf, in dem mit Luft heißgeblasen wird

Ursprünglich war bei dieser Versuchsanlage auch daran gedacht worden, bei der Verwendung von Kohlen mit flüchtigen Bestandteilen, diese in einer separaten Wirbelschicht, welche ebenfalls aus dem Aufheizkreislauf gespeist wird, mit Hilfe eines inerten Spülgases vorzuentgasen, doch traten Schwierigkeiten in der Zuteilung der heißen Kohle zu den beiden Wirbelschichtreaktoren auf.

Stone, Bachelor und Johnstone [*62*] haben die Entgasung von Kohlen bei tiefen Temperaturen laboratoriumsmäßig untersucht. Es wurde ein Sand-Kohle-Gemisch (2 Teile Sand, 1 Teil Kohle) eingesetzt, um das Backen verschiedener Kohlen zu verhindern. Dieses Gemisch wurde stoßweise in eine auf Temperaturen von 400–600 °C vorgeheizte Sandwirbelschicht eingetragen. Als Träger- und Spülgas wurde Stickstoff benutzt. Sand und Kohle hatten etwas verschiedene Korngrößen, so daß aus dem reagierten Schichtinhalt der Sand durch Sieben wieder abgetrennt werden konnte.

Durch den stoßweisen Eintrag wurden die mit verschiedener Geschwindigkeit verlaufenden Teilvorgänge bei der Tieftemperaturentgasung zeitlich auseinandergezogen. In den ersten 10–20 Sekunden trat eine Entbindung von Wasser sowie eine CO/CO_2-Entwicklung auf, schließlich bildeten sich während etwa 1–2 Minuten Schwelprodukte neben Wasserstoff und Methan, worauf eine langsam verlaufende Restentgasung folgte.

Auch die Verbrennung von feinkörniger Kohle bis zu Korngrößen von 10 mm ist nach dem Wirbelschichtverfahren durchgeführt worden. Die in Abb. 68 nach GODEL [*63*] dargestellte Vorrichtung dient zur Befeuerung eines Dampfkessels. Die Wirbelschicht wird über einen Wanderrost erzeugt, welcher die nach unten sinkende Asche austrägt. Die Schicht selbst bildet sich in einem wannenförmigen Raum aus,

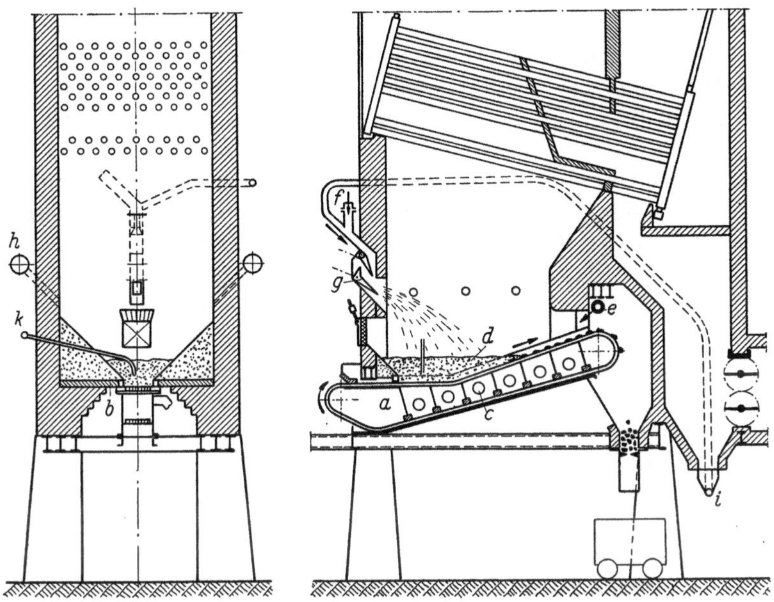

Abb. 68. Wirbelschichtfeuerung mit Wanderrost an einem Dampfkessel
a Wanderrost; *b* Grundplatten aus feuerfestem Material; *c* Unterwind; *d* Wirbelschichtbett, Schichthöhe etwa 500 mm; *e* Luftstrahl zur Verbesserung der Schlackenabscheidung; *f* Zufuhr der Feinkohle; *g* Regelung der Kohlenzufuhr; *h* Zweitluft; *i* Auffangtrichter für Unverbranntes (das Gebläse für pneumatische Förderung ist nicht dargestellt); *k* Druckmesser, der auf die Kohlenzufuhrschnecke einwirkt

welcher durch die Böschungen der seitlich ruhenden Kohleschüttung begrenzt wird. Interessant ist, daß die Trägerluft nicht in konstantem Strome, sondern pulsierend eingeführt wird.

5. Das Rösten sulfidischer Erze

5.1 Die klassischen Röstverfahren und die Wirbelschichtröstöfen

Die zahlreichen in der Natur vorkommenden Metallsulfide werden durch das Rösten, einer bei höheren Temperaturen durchgeführten Oxydation, in Metalloxyde und Schwefeldioxyd übergeführt. Das Metalloxyd gelangt zur weiteren Verhüttung, während das Schwefeldioxyd meist auf Schwefelsäure verarbeitet wird. Der Röstprozeß dient also einerseits als vorbereitender Schritt in der Metallhüttenindustrie, andererseits benutzt man auch Röstaggregate in der Schwefelsäure- und Sulfid-Zellstoffindustrie, um vornehmlich aus Pyrit Schwefeldioxyd zur weiteren Verarbeitung zu gewinnen. Das entstehende Eisenoxyd, der Abbrand, wird dann an Hochofenwerke weitergeleitet.

Die beim Rösten auftretenden chemischen Reaktionen sind exotherm. Neben Schwefeldioxyd entsteht vor allem bei tiefen Temperaturen auch Schwefeltrioxyd bzw. das entsprechende Metallsulfat. Da außerdem viele Metalle noch in mehreren Oxydationsstufen vorkommen, kann sich eine große Mannigfaltigkeit von möglichen Röstreaktionen ausbilden.

Der seit Beginn dieses Jahrhunderts am meisten eingeführte klassische Röstapparat ist der Etagenröstofen. Innerhalb eines zylindrischen Schachtes sind eine größere Anzahl von Herden übereinander angeordnet, welche den Ofen in einzelne Etagen unterteilen. Zentral rotiert eine Welle, an welcher Rührarme angeordnet sind. Diese überstreichen die Herde und transportieren das Röstgut durchmischend vom Zentrum nach außen oder in umgekehrter Richtung. Durch Fallöffnungen fällt dann das Gut von Etage zu Etage bis zum Austrag. Welle und Rührarme werden meist luftgekühlt ausgeführt.

Mit den größten Öfen (7 m Durchmesser) kann man Durchsätze bis zu 70 Tonnen Erz, z.B. Pyrit, je Tag erzielen, und das Röstgas erreicht eine Konzentration bis zu maximal 9 Vol.-% Schwefeldioxyd.

Seit etwa einem Jahrzehnt wird nun auch das Wirbelschichtverfahren zum Rösten benutzt. Die Wirbelschichtröstöfen sind dem WINKLER-Generator in seiner älteren Form weitgehend ähnlich. Im Prinzip bestehen sie also aus einem Schacht, der am unteren Ende mit einer Rost- oder Düsenplatte abgeschlossen ist. Er besitzt eine seitliche Zufuhr für das zu röstende Gut und eine Austragsvorrichtung für den Abbrand. Da im allgemeinen die zur Verarbeitung gelangenden Stoffe einen weiten Korngrößenbereich besitzen, wird stets ein Teil vom Gasstrom mitgeführt, so daß sich an dem Röstofen Abscheideaggregate für den Flugstaub anschließen.

Die Wirbelschichtröster werden bevorzugt für die Röstung von Schwefelkies (Pyrit, FeS_2) eingesetzt. Die hierbei auftretende Reaktion lautet, wenn mit Luft geröstet wird:

$$FeS_2 + 2{,}75\,O_2 + 10{,}35\,N_2 = 1/2\,Fe_2O_3 + 2\,SO_2 + 10{,}35\,N_2 .$$

Bei einer Rösttemperatur von 900 °C und bei Einsatz von auf 20 °C temperierten Ausgangsstoffen resultiert ein Wärmeüberschuß von 850 kcal je Kilogramm eingesetztes FeS_2. Es ist daher stets in irgendeiner Form eine Kühlung anzuwenden. Ohne Kühlung würde man zu hohe

Temperaturen erreichen, bei denen die Partikel der Wirbelschicht zum Schmelzen oder Sintern kommen.

Man verwendet verschiedene Arten von Kühlung, wie direkte Kühlung durch eingespritztes Wasser, indirekte Kühlung durch in die Schicht eingebaute Dampfkesselelemente, Kühlung durch rückgeführtes kaltes Röstgas und schließlich auch noch Kühlung über einem Dampfkessel in einem Rückgutkreislauf, welcher außerhalb des Röstofens geführt wird.

Die Art, wie das Material eingetragen wird, ist ebenfalls verschieden. Unmittelbar bergmännisch in reiner Form gewinnbare Sulfide werden so gemahlen, daß etwa 50% Kornanteil unter 2 mm und maximale Korngrößen von 6 mm resultieren. Dieses grobe Pulver läßt man dosiert durch ein schräges Rohr in den Röstofen einlaufen.

Flotationserze, welche eine Korngröße von unter 0,1 mm besitzen, können mit Wasser als Schlamm angerührt in den Ofen gepumpt oder aber auch durch einen Drehteller mit Drehbunker in fester Form mit der jeweiligen natürlichen Feuchte eingetragen werden.

Bei der Röstung der feinkörnigen Sulfide gibt es verschiedene Röstmethoden, welche sich hinsichtlich der Trägergasgeschwindigkeit unterscheiden. Bei geringeren Gasgeschwindigkeiten bildet sich eine dichte Schicht mit einem Flugstaubanteil von etwa 50–60% des Durchsatzes aus. Bei hoher Gasgeschwindigkeit mit 100%iger Flugstaubbildung gelingt es aber ebenfalls, Pyrite abzurösten. Sie werden in eine aus gröberen Teilchen gebildete Wirbelschicht, welche stationär im Ofen bleibt, eingetragen. Durch Rückführung des Staubaustrages kann man auch die Teilchenkonzentration in der Flugstaubwolke so erhöhen, daß man eine zirkulierende Wirbelschicht erhält und auf die grobe Hilfsschicht verzichten kann. Vier typische Ausführungsformen von Röstöfen sind in Abb. 69a–d schematisch dargestellt.

Der Röster Abb. 69a dient zur Verarbeitung von Flotationserzen bei geringer Gasgeschwindigkeit. Er arbeitet mit Schlammeintrag und Einspritzkühlung.

Für die Abröstung eines amerikanischen Magnetkieses (Fe_7S_8) mit 35,7% Schwefel ist die Anwendung dieser Apparatur von Thompson [*64*] und Hegemann [*65*] beschrieben.

Der Kies fällt mit feiner Korngröße (78% unter 0,075 mm) an und gelangt mit 8–10% Feuchtigkeit zum Rösten. Die Röstgase dienen für die Herstellung von Kalziumbisulfitlaugen in einer Zellulosefabrik. Der Abbrand wird nicht weiterverarbeitet.

Der Eintrag erfolgt in Form eines Schlamms mit 70% Feststoffgehalt. Eine Diaphragmapumpe fördert ihn durch mehrere waagrechte Rohre, welche etwa 180 mm über der Wirbelschicht angebracht sind. Zusätzlich wird noch so viel Wasser eingedüst, daß die Schichttemperatur etwa 900 °C beträgt. Die Röstluft wird mit einer Geschwindigkeit von

330 m³ (20 °C, 1 Atm.)/m² h eingeführt. Die Wirbelschicht hat im ruhenden Zustand eine Höhe von etwa 1 m und besteht aus abgeröstetem Material, in vorliegendem Fall aus einem Magnetit enthaltenden Abbrand mit 0,26% Gesamtschwefel. Der Eintrag wird stöchiometrisch auf das Sauerstoffangebot der Röstluft abgestimmt. Ein Ofen mit 4,85 m Innendurchmesser erreicht einen Durchsatz von 80 t/Tag, bezogen auf Trockensubstanz. Das Röstgut enthält 13,0 Vol.-% Schwefeldioxyd, 0,2 Vol.% Schwefeltrioxyd, 1,0% Sauerstoff. Der Abbrand (etwa 79% des Eintrags) fällt zu 45% unmittelbar aus der Schicht über einen Überlaufaustrag, welcher sich in einer Höhe von 1,5 m befindet, an.

Der Rest wird als Flugstaub weggeführt. Durch Fliehkraftabscheider lassen sich weitere 36% abscheiden, während die restlichen 19% durch einen Wäscher aufgefangen werden. Der Flugstaub ist nicht so gut abgeröstet wie der Schichtinhalt, welcher ja eine mittlere Verweilzeit von etwa 24 Stunden innerhalb des Rösters besitzt. Insgesamt enthält der Austrag daher noch 0,5% Schwefel. Der eingesetzte Schwefel kann zu etwa 94% in Form eines gereinigten Röstgases nutzbar gemacht werden.

Der Druckverlust über die Wirbelschicht beträgt rund 1400 mm Wassersäule. Der Widerstand der verwendeten Düsenplatte mit 250 mm Lochabstand beträgt 500 mm Wassersäule. Beim Rösten

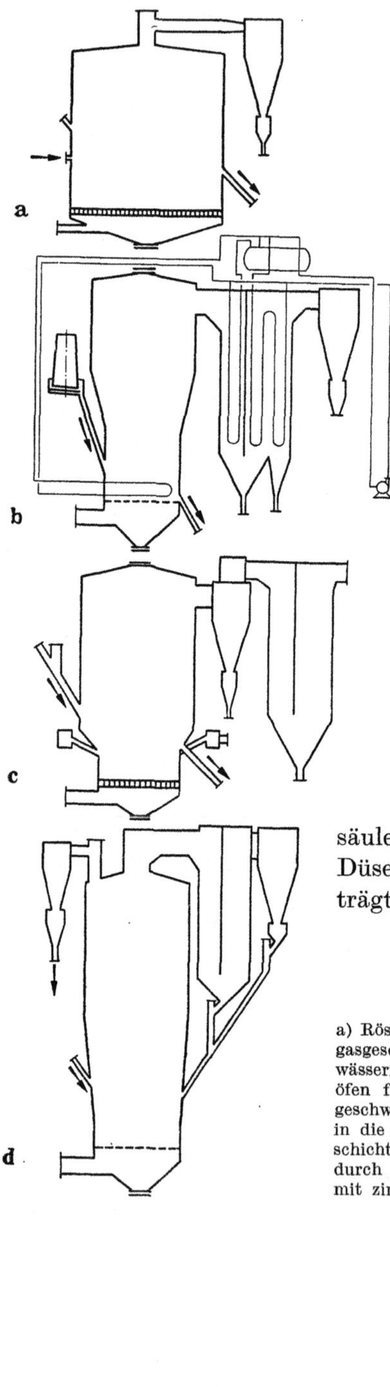

Abb. 69a–d. Verschiedene Systeme von Wirbelschichtröstöfen

a) Röstöfen für feinkörniges Material bei geringer Trägergasgeschwindigkeit. Das Röstgut wird in Form von einer wässerigen Suspension eingetragen; b) Wirbelschichtröstöfen für grobkörnigen Pyrit. Es wird mit hoher Gasgeschwindigkeit gearbeitet, und die Kühlung erfolgt über ein in die Schicht eingebautes Dampfkesselelement; c) Wirbelschichtröstöfen für grobkörnigen Pyrit. Die Kühlung erfolgt durch Einblasen von rückgeführtem Röstgas; d) Röstöfen mit zirkulierender Wirbelschicht für feinkörniges Röstgut tritt eine geringe Agglomerierung ein, und der Abbrand enthält auch Teilchen bis zu 0,5 mm Korngröße. Teilchen unter 0,075 mm werden aus der Schicht weitgehend ausgeblasen, und der Schichtaustrag enthält nur 6% dieses Anteils. Die relativ kurze Verweilzeit der feinen Anteile in der Schicht reicht auch bereits aus, um sie abzurösten, denn die Schachttemperatur im Staubraum liegt um etwa 20 °C unter der Schichttemperatur. Wenn wesentliche Anteile während des Fluges noch nachrösten würden, ergäbe sich ein Temperaturanstieg.

Der Röster Abb. 69b nach JOHANNSEN und DANZ [*66*] arbeitet mit indirekter Kühlung der Wirbelschicht. Registermäßig angeordnete Siederohre sind mit einem Dampfkesselsystem, welches meist als Zwangsumlaufsystem ausgebildet wird, verbunden. Der Dampfkessel kühlt die aus dem Röster austretenden Gase ab. Es wird 40 oder 60 atü Dampf erzeugt. Es muß relativ hochgespannter Dampf erzeugt werden, um die Siederohrtemperatur über dem Taupunkt der stets im Gas vorhandenen Schwefelsäure zu halten. In der Wirbelschicht erhält man bei den Kühlrohren eine Wärmedurchgangszahl von etwa 200 kcal/m^2 h °C. Bei einem Temperaturgefälle von etwa 650 °C erhält man daher einen Wärmefluß durch die Rohre von $1{,}3 \cdot 10^5$ kcal/m^2 h. Je Tonne erzeugtem Dampf sind also nur 6 m^2 Rohroberfläche erforderlich. Dies entspricht den Verhältnissen in der Hochtemperaturstrahlungszone eines normalen Dampfkessels. Die Schichthöhe beträgt im Ruhezustand etwa 0,5 m. Die Wirbelschicht wird auf einem Stabrost ausgebildet. Die Röstgasbelastung beträgt bei grobkörnigem Pyrit (0–6 mm) etwa 2000 m^3/m^2 h. Hierbei werden je nach der Kornverteilung (die Pyrite zerspratzen beim Eintrag in die heiße Schicht) etwa 2/3 als Flugstaub mitgeführt. Die Röstgastemperatur wird auf 850–900 °C eingestellt. Man kann entsprechend dem Sauerstoffangebot 20 Tonnen Pyrit mit 45% Schwefel je m^2 und Tag abrösten. Das Röstgut kann bis auf 14 Vol.-% Schwefeldioxyd eingestellt werden, wobei ein weitgehend entschwefelter Abbrand entsteht. Feinkörnige Materialien werden bei einer um etwa 20% geringeren Gasgeschwindigkeit und entsprechend vermindertem Durchsatz abgeröstet. Meist enthalten sie genügend Klümpchen oder bilden sie durch Agglomerisation nach, so daß sich eine wirbelnde Schicht ausbildet. In diese tauchen die feinen Partikel für kurze Zeit ein, rösten hierbei zu etwa 80–85% ab und werden dann hochgeblasen. Daß tatsächlich innerhalb der kurzen Verweilzeit in der Schicht so weit abgeröstet wird, läßt sich aus einer Wärmebilanz über die von den Kühlorganen abgeführte Wärme feststellen.

Die Nachröstung erfolgt im Schacht, welcher daher nicht zu kurz sein darf (6,5–8 m), und gibt Anlaß zu einer Temperatursteigerung von 50–150 °C im Staubraum. Ein beträchtlicher Teil des Flugstaubes scheidet sich im Dampfkessel ab. Der Rest kann in den auf etwa 300 °C abgekühlten Gasen in einem nachgeschalteten Elektrofilter, eventuell unter Zwischenschaltung eines Zyklons, gewonnen werden.

Die Variante Abb. 69c nach THOMPSON [67] ist für grobkörnige Ausgangsstoffe bestimmt. Hier wird die Kühlung durch rückgeführtes kaltes Röstgas, welches in den oberen Teil der Schicht eingeblasen wird, bewirkt.

Der Röstofen Abb. 69d nach QUENEAU, BRACKEN und KELLY [68], sowie nach CHILTON [69] eignet sich nur für feinkörniges Material. Er wird für die schonende Abrostung eines kanadischen nickelhaltigen Magnetkieses (37% Schwefel, 0,75% Nickel) eingesetzt.

Das Erz ist ein Flotationsprodukt mit einer Korngrößenverteilung von 90% unter 0,075 mm. Es wird als konzentrierter Schlamm durch vier über den Umfang verteilte wassergekühlte Rohre in den Röster gepumpt. Die Röstluftbelastung ist groß und liegt um 1100 Nm^3/m^2 h,

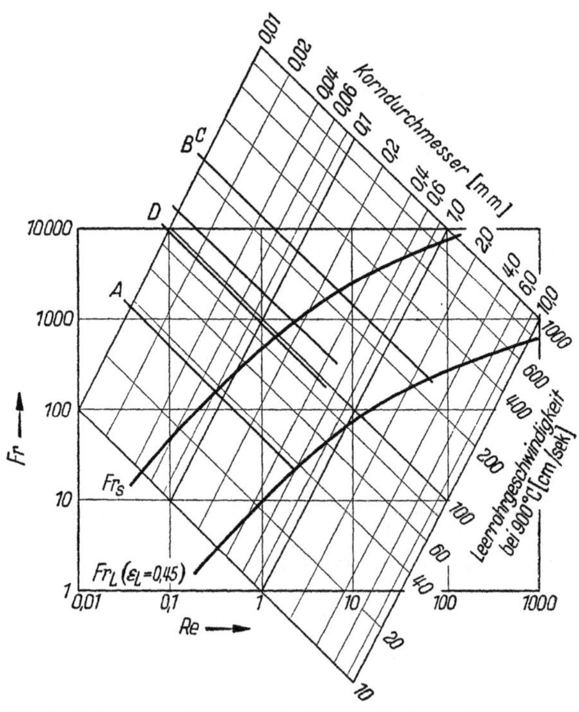

Abb. 70. Wirbelschichtzustandsdiagramm für die verschiedenen Ofentypen der Abb. 69

bezogen auf die Rostfläche. Bis auf einige durch Zusammenballung gebildete gröbere Teilchen wird alles als Flugstaub hochgeblasen. Der Flugstaub wird zusammen mit dem Röstgas in einer Dampfkessel-Fliehkraftabscheider-Kombination abgekühlt und abgeschieden und dem Röster wieder zugeführt. Für den Feststoffaustrag wird ein gesonderter Gasstrom abgezweigt, welcher einen Zyklon durchläuft. Man verwendet hierfür 1/5 der gesamten Röstgasmenge. Dies bedeutet eine Anreicherung der Flugstaubdichte auf etwa das Fünffache gegenüber einem ohne Rückführung betriebenen Röster. Am Gasaustritt des Schachtes treten dabei Staubbeladungen von etwa 2 kg/Nm^3 Röstgas auf. Da die Teilchen ohne eine Aufwärtsgeschwindigkeit unten eingeführt werden und erst beschleunigt werden müssen, werden im Unterteil des Rösters noch bedeutend höhere Teilchenkonzentrationen auftreten.

Auf diese Weise wird eine hohe Verweilzeit erreicht, und es ist möglich, ein Röstgas mit 13,5 Vol.-% Schwefeldioxyd und nur 0,5 Vol.-% Sauerstoff zu erzeugen. Der Abbrand enthält dabei noch etwa 0,5% Schwefel, wovon die Hälfte in Sulfatform vorliegt. Hinter dem Dampfkessel, der bei 40 atü arbeitet, enthält das Gas noch etwa 200 g Staub/Nm^3. Im Zyklon werden etwa 80% davon abgeschieden, so daß das Röstgas noch weiter entstaubt werden muß. Dies erfolgt in einem Elektrofiltersystem, welches bei einer Temperatur von 370 °C arbeitet. Man erreicht einen Endstaubgehalt von 0,12 g/m^3.

Dieser Röstofen besitzt eine Tagesleistung von maximal 500 Tonnen Erz/Tag. Der Durchmesser am Rost beträgt 6,7 m. Oben erweitert er sich auf 7,9 m. Die Höhe des Schachtes ist 13 m. Der Rost besteht aus einzelnen Roststäben mit einem freien Querschnitt von 0,5%.

5.2 Theorie der Wirbelschichtröstung

Die Arbeitsweise der verschiedenen bis jetzt besprochenen Typen läßt sich an Hand eines *Fr-Re*-Wirbelschichtzustandsdiagrammes charakterisieren. In Abb. 70 ist ein solches Diagramm für ein Trägergas von 900 °C mit $\nu = 1$ cm^2/sek und $\varrho = 0{,}35 \cdot 10^{-3}$ g/cm^3 und für kugelförmige Teilchen mit einer scheinbaren Dichte 3,35 g/cm^3 dargestellt. Es enthält die Lockerungs- und Schwebegeschwindigkeitskennlinie, innerhalb welcher sich bekanntlich der Wirbelschichtzustand ausbildet. Außerdem sind die Zustandslinien für konstante Teilchengrößen und für konstante Gasgeschwindigkeit eingetragen.

Der Röster Abb. 69a benutzt eine Leerraumgeschwindigkeit von 36 cm/sek (900 °C). Aus den Schnittpunkten der Geschwindigkeitslinie mit der Kennlinie für die Schwebegeschwindigkeit ergibt sich, daß Teilchen unterhalb 0,08 mm Durchmesser in den Staubraum gelangen. Die Schicht erreicht die Lockerung, wenn der mittlere Teilchendurchmesser 0,6 mm beträgt. Dies ist in guter Übereinstimmung mit den vorhin geschilderten Betriebsverhältnissen dieser Art von Röstöfen.

Die Röster der Type Abb. 69b und c mit 240 cm/sek im Wirbelschichtteil können ein Wirbelgut mit maximal 3 mm mittlerem Teilchendurchmesser durchwirbeln. Teilchen unter 0,25 mm Korndurchmesser werden aber aus der Schicht weggeführt. Ihre Röstdauer ist noch ziemlich hoch, wie später gezeigt wird. Sie würden daher mangelhaft abgeröstet aus dem Schacht austreten. Daher wird die Gasgeschwindigkeit über der Wirbelschicht auf etwa die Hälfte herabgesetzt, und man findet bei 120 cm/sek die Grenzkorngröße zu 0,15 mm. Die Teilchen zwischen 0,25 und 0,15 mm Durchmesser beginnen daher wieder zu sedimentieren und erhalten dadurch eine längere Verweilzeit. Sie verlassen den Ofen zum größten Teil über den Wirbelschichtaustrag.

Über den Mechanismus der sich beim Rösten abspielenden Vorgänge ist nur wenig bekannt. SCHWAB und PHILINIS [70] haben die Röstgeschwindigkeit von Pyrit in Luft bei Temperaturen von 400–500 °C untersucht. Die Reaktionsgeschwindigkeit wird innerhalb dieses Bereiches bereits von der Temperatur so wenig beeinflußt, daß chemische Reaktionswiderstände keine Rolle mehr spielen dürften. Auffällig ist, daß bei den tiefsten Temperaturen die Reaktion bald zum Stillstand kommt. Im Abbrand stellt man hierbei eine starke Sulfatbildung fest. Bei der Reaktion $FeS_2 \rightarrow 1/2\ Fe_2O_3$ verringert sich das Molvolumen um etwa 37%. Durch diese Kontraktion werden in den zuerst reagierenden äußeren Zonen eines Korns Hohlräume geschaffen, welche das Ein- und Ausdiffundieren von Sauerstoff, bzw. Schwefeldioxyd, zur Reaktionszone erlauben. Anders ist es, wenn sich Sulfat bildet. Das Molvolumen vergrößert sich hierbei um 16%, und durch diese Dilatation werden eventuell schon vorhandene Poren geschlossen. Es ist daher auch nicht möglich, mit verwertbarer Reaktionsgeschwindigkeit das ganze Korn durch und durch in Sulfat zu verwandeln, da die Deckschicht den Sauerstoff nur langsam durchläßt.

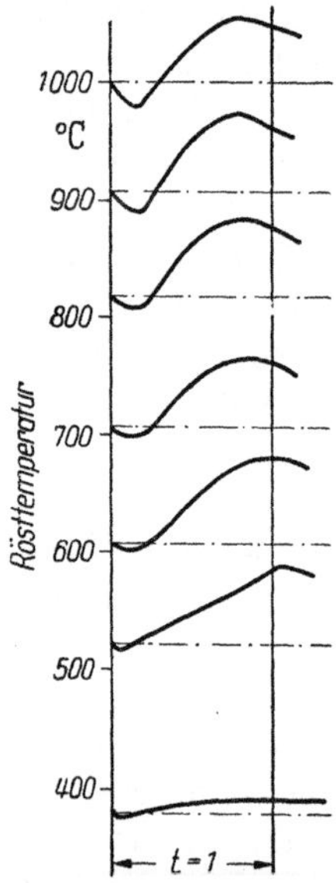

Abb. 71. Rösttest für Pyrit. Es wurden jeweils 5 g Pyrit in eine Sandwirbelschicht, deren Volumen 100 ccm betrug, eingetragen und der zeitliche Temperaturverlauf registriert

Das Verhalten beim Rösten läßt sich mit Hilfe eines Wirbelschichtrösttestes einfach untersuchen. Trägt man Pyrit in eine Wirbelschicht aus inertem Material ein, so ist die Temperaturerhöhung ein Maß für den Reaktionsablauf. In Abb. 71 ist dieser Temperaturverlauf für verschiedene Einsatztemperaturen über die Zeit aufgetragen. Als Zeiteinheit wurde die Dauer gewählt, in welcher gerade die zum vollständigen Abrösten stöchiometrisch notwendige Luftmenge dem Apparat zugeführt war. Bei der tiefsten Temperatur, unter 400 °C, findet man einen geringen Temperaturanstieg, der bald zum Stillstand kommt. Es ist dies der bereits von SCHWAB und PHILINIS diskutierte Fall der Sulfatisierung.

Bei 500 °C tritt aber bereits ein beträchtlicher Temperaturanstieg, welcher kurz über dem theoretischen Endpunkt abbricht, auf.

Die bei den höheren Temperaturen erhaltenen Röstkurven enden nun überraschenderweise bereits, bevor die stöchiometrische Luftmenge die Schicht passiert hat. Dies erklärt sich durch die Schwefelabspaltung aus Pyrit.

Der Schwefeldampf entweicht mit dem praktisch sauerstofffreien Röstgas, so daß nur ein schwefelärmeres Produkt zu oxydieren ist, wodurch sich der geringere Luftbedarf erklärt.

Da die Reaktion Wärme verbraucht, sinkt die Temperatur ab. Der Ablauf wird durch den Wärmeübergang auf das Korn gesteuert. Da bei den Röstkurven der Abb. 71 über 700 °C praktisch kein Temperatureinfluß auf die Reaktionsgeschwindigkeit mehr festzustellen ist, kann man annehmen, daß der Reaktionsablauf durch die Diffusion durch die Gasgrenzschicht bestimmt wird. Dann wäre die Röstgeschwindigkeit von der Natur des Sulfides unabhängig. Für ein solches Modellsulfid lassen sich auf einfache Weise Angaben für die Röstung ermitteln.

Es sei eine Wirbelschicht aus Eisenoxyd- und Pyritteilchen von der Höhe H betrachtet. Je Volumeneinheit der Schicht seien Pyritteilchen mit der Oberfläche F vorhanden. Die Leerrohrgeschwindigkeit der Röstluft von der Schicht sei mit v_0 bezeichnet. Es sei angenommen, daß vollständige Durchmischung sowohl der Gas- als auch der Festkörperphase herrscht. Der Sauerstoffgehalt im Röstgas soll durch den Molenbruch y charakterisiert werden. Durch die vollständige Durchmischung ist dann y innerhalb der Schicht konstant.

Man erhält dann für die Zeiteinheit je Volumeneinheit der Schicht an das Schwefelerz übergehende Anzahl Mole Sauerstoff

$$N = \beta F y P. \tag{88}$$

Der Gesamtdruck wurde hierbei mit P bezeichnet. Da das Rösten stets mit einer Volumenverminderung der Röstluft verknüpft ist, wird die Leerrohrgeschwindigkeit in der Wirbelschicht sich verringern. Bei Pyrit und weitgehendem Umsatz wird man für die Gasgeschwindigkeit etwa 0,95 v_L (bezogen auf die Temperatur der Röstluft) einsetzen können.

Für den beim Durchgang durch die Schicht umgesetzten Sauerstoff findet man dann aus der Stoffbilanz, auf die Volumeneinheit bezogen:

$$N = v_0 (0{,}21 - 0{,}95 y) \frac{P}{RT} \frac{1}{H}. \tag{89}$$

Aus Gl. (87) und Gl. (88) erhält man schließlich den Zusammenhang zwischen dem resultierenden Sauerstoffanteil und der in der Wirbelschicht dafür notwendigen Sulfidoberfläche.

$$y = 0{,}21 \Big/ \left(\frac{\beta F H R T}{v_0} + 0{,}95 \right). \tag{90}$$

Die Stoffübergangszahl β läßt sich nun aus Gl. (73a) oder Gl. (73b) abschätzen. Gl. (89) gibt für die Pyritoberfläche, welche bei einer Schichthöhe von z.B. 100 cm einen Sauerstoffgehalt von 1 Vol.-% im Röstgas liefert, einen Wert für F von 0,64 cm^2/cm^3. Hierbei wurde angenommen: $v_0 = 50$ cm/sek (20 °C), $\varrho = 0{,}35 \cdot 10^{-3}$ g/cm³ (900 °C), $M = 33$, $\nu/D = 1$, $d = 0{,}1$ cm, $\varepsilon = 0{,}6$. Wenn die Sulfidkörner des Wirbelgutes ebenfalls den Durchmesser von 1 mm haben, so muß 1/32 aller Körner als Sulfid vorliegen.

Weiterhin interessiert auch die Verbrennungsdauer der Sulfidteilchen. Die in der Zeiteinheit umgesetzte Sulfidmenge dm/dt ist proportional der sich jeweils darbietenden Oberfläche der Reaktionszone sowie dem in der Zeiteinheit dort ankommenden Sauerstoff. Der Proportionalitätsfaktor ergibt sich aus der stöchiometrischen Relation zwischen Sauerstoff und Sulfid.

Für die kugelförmigen Pyritteilchen gilt unter Annahme einer widerstandslosen Oxyddeckschicht

$$\frac{\mathrm{d}m}{\mathrm{d}t} = 4r^2\pi\varrho_{FeS_2}\frac{\mathrm{d}r}{\mathrm{d}t} = -\frac{M_{FeS_2}}{2{,}75}\,4r^2\pi\beta\,y\,P, \tag{91}$$

(r = jeweiliger Sulfidkernradius).

Durch Integration von Gl. (91) zwischen den Grenzen r und 0 erhält man für die Abbrenndauer

$$t = 1{,}375\left(\frac{\varrho}{M}\right)_{FeS_2}\frac{d}{\beta\,y\,P}, \tag{92}$$

indem an Stelle von r am Reaktionsbeginn der ursprüngliche Korndurchmesser d eingesetzt wurde. Für die bereits vorhin benutzten Bedingungen ergibt sich aus Gl. (92) eine Röstdauer von 890 Sekunden für kugelförmige 1-mm-Teilchen. Für das Grenzkorn der Röstöfen vom Typ B von 0,25 mm Durchmesser erhält man 84 Sekunden, also eine im pneumatischen Transport durch den Schacht nicht zu erreichende Zeit. Es ist aber nicht notwendig und praktisch auch wegen der beträchtlichen, in Form von Blasen die Schicht durchsetzenden Gasmenge nicht möglich, daß in der Wirbelschicht selbst ein weitgehender Umsatz des Sauerstoffs erreicht wird. Die mitgeführten Sulfidteilchen reagieren dann im Fluge weiter und zehren den restlichen Sauerstoff auf. Hierfür gilt im Prinzip wieder Gl. (92). Lediglich ist β den veränderten Bedingungen unter Berücksichtigung des Geschwindigkeitsschlupfes anzupassen. Auch y verändert sich längs des Weges, was man durch einen geeigneten Mittelwert berücksichtigen kann. Eine derartige Rechnung ist von JAVORSKY [*71*], durchgeführt worden. Es ergaben sich Abröstzeiten von der Größe 1 Sekunde für Teilchen unter 0,1 mm und einer Zunahme des Schwefeldioxydgehaltes von 10 Vol.-% auf 14 Vol.-% längs des Weges im Staubraum.

6. Thermische Behandlung fester Stoffe

6.1 Trocknen in der Wirbelschicht, Sublimieren und Kondensieren von Dämpfen

Beim Trocknen handelt es sich darum, den Flüssigkeitsgehalt fester Stoffe durch Verdampfen oder Verdunsten zu vermindern. Die Flüssigkeit kann als Haftflüssigkeit die Oberfläche umhüllend, als Kapillarflüssigkeit, welche die Adern des Trockengutes ausfüllt, oder als Quellungsflüssigkeit vorhanden sein. Solange die Oberfläche feucht ist, hängt die Trockengeschwindigkeit lediglich von der Wärmezufuhr und Dampfabfuhr ab. Auch wenn die eigentliche Oberflächenhaftflüssigkeit verdampft ist, wird durch die kapillare Saugwirkung der Menisken an den Mündungen der Poren die Oberfläche eine Zeitlang mit Flüssigkeit versorgt. Sinkt der Trockenspiegel ins Innere des Gutes ab, so wird die Trocknungsgeschwindigkeit noch zusätzlich eine Funktion der Porendiffusion. Der erste Abschnitt der Trocknung ist von der Natur des zu trocknenden Gutes praktisch unabhängig, da es sich um eine Verdunstung mit dem zur Gutsoberflächentemperatur gehörigen Dampfdruck handelt. Der zweite Abschnitt, der meist mit einem Knickpunkt in der Trockenkurve einsetzt, ist aber von der Struktur und Natur des zu trocknenden Stoffes abhängig, und die Trockengeschwindigkeit nimmt mit fortschreitendem Trocknungsgrad rasch ab.

Im ersten Abschnitt einer Trockenperiode kann man in einer Wirbelschicht einen besseren Wärme- und Stoffübergang auf das einzelne Korn erwarten, als wenn das Trocknergas über eine Schicht des Gutes streicht, wie es bei manchen anderen Trocknersystemen der Fall ist. Durch die Rückmischung erhält man gleichmäßiges Trockengut, und die Raumausnutzung der Wirbelschichttrockner ist sehr hoch. Im zweiten Abschnitt der Trockenperiode kann aber die Trockengeschwindigkeit durch das Wirbeln nicht mehr beeinflußt werden. Wohl aber kann unter Umständen die gleichmäßige Temperaturverteilung und deren genaue Einstellbarkeit von Vorteil sein.

Den Aufbau eines einfachen Wirbelschichttrockners zeigt die Abb. 72 nach Beeken [*72*]. Über einem mit Düsen versehenen Tragboden befindet sich eine Wirbelschicht aus dem getrockneten Gut. Als Trägergas wird heißes Rauchgas verwendet, welches in einer Brennkammer durch Verbrennen von Öl mit zwei- bis vierfachem Luftüberschuß erzeugt wird. Verbrennen ohne Luftüberschuß ergibt bei dieser Art von Trocknen zu hohe Temperaturen, welche die Röstkonstruktion belasten. Auch besteht Gefahr, daß die Teilchen, welche sich unmittelbar auf den Rost außerhalb des Streubereiches der Öffnungen aufruhen, zu stark überhitzt werden. Mit Stabrosten aus thermisch widerstandsfähigen Legierungen ist es aber gelungen, bei Rauchgastemperaturen bis zu 800 °C zu arbeiten.

WALL und ASH [*73*] haben die Trocknung von Dolomit in einem Apparat ähnlich der Abb. 72 beschrieben. Der Querschnitt beträgt 3 m². Es werden 8800 m³/h Verbrennungsluft teils primär, teils sekundär, der Brennkammer zugeführt, in welcher etwa 90 kg/Std. Öl verbrennen. Es besteht also ein sehr großes Luftüberschußverhältnis, und die Eintrittstemperatur beträgt nur 350–370 °C.

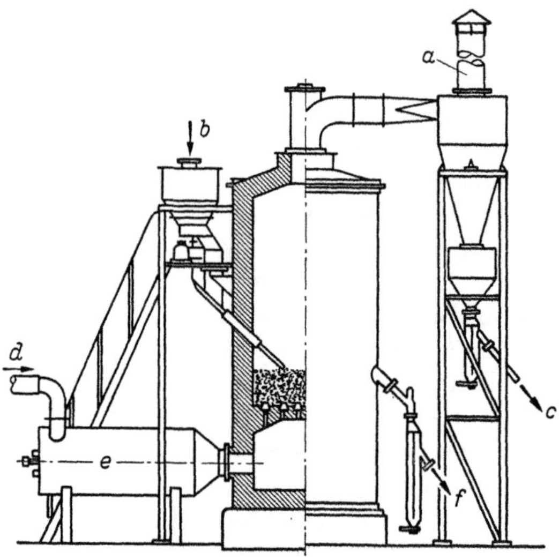

Abb. 72. Wirbelschichttrockner

Dem Apparat werden 33 t/Std. des Dolomits zugeführt, welcher eine Feuchtigkeit von 0,9% hat, die bis auf einen Feuchtigkeitsgehalt von 0,05% getrocknet werden. Die Hauptmenge des Gutes liegt in einer Korngröße zwischen 0,2 und 2 mm vor, doch sind noch 10% unter 0,1 mm vorhanden. Diese feineren Anteile werden aus der Wirbelschicht ausgeblasen, und der Austrag aus der Schicht enthält nur mehr 1,3% unter 0,1 mm Korn. Diese weitgehende Entstaubung des Dolomites ist für die weiteren Verarbeitungsstufen dieses Gutes erwünscht. Die Schichttemperatur beträgt 110 °C, im Staubraum herrschen etwa 70 °C. Für die Verdampfung von 1 kg Wasser sind etwa 3000 kcal aufzuwenden. Die Schichthöhe ist gering und beträgt 30 cm. Der Druckverlust des Apparates liegt bei 850 mm Wassersäule.

Einen zweistufigen Wirbelschichttrockner zeigt die Abb. 73, welcher von JOBES [*74*] für die Trocknung von Kochsalz beschrieben wurde. Der aus Stahlblech hergestellte Apparat besitzt zwei perforierte Aluminiumblechtragböden. Die Löcher sitzen mit 12,7 mm Abstand auseinander, und die Dicke der Platten beträgt 6,4 mm.

Das feuchte Salz in einer Korngröße von 0,15–0,6 mm gelangt mit 2,8% Feuchtigkeit in das obere Abteil, wo es mit einem Trägergas von 200 °C aufgewirbelt wird. In der Wirbelschicht stellt sich eine Temperatur von 113 °C ein. Über eine Zellenradschleuse gelangt das Trockengut dann in den Kühler, in welchem die Verbrennungsluft vorgewärmt wird. Die Temperatur in dieser Schicht beträgt 66 °C. Dies ist auch die Temperatur des Fertiggutes, welches mit einem Wassergehalt von 0,027% ausfällt. Zwischen Kühl- und Trockenabteil befindet sich das Gasfördergebläse und eine mit Naturgas (1,4 atü) befeuerte Brennkammer. Die Abgasleitung mit dem Zyklon besitzt eine Gummiauskleidung. Je Kilogramm verdampftes Wasser sind 2250 kcal aufzuwenden. Der Durchsatz eines Apparates mit 2,5 m Durchmesser beträgt 4,5 t/Std.

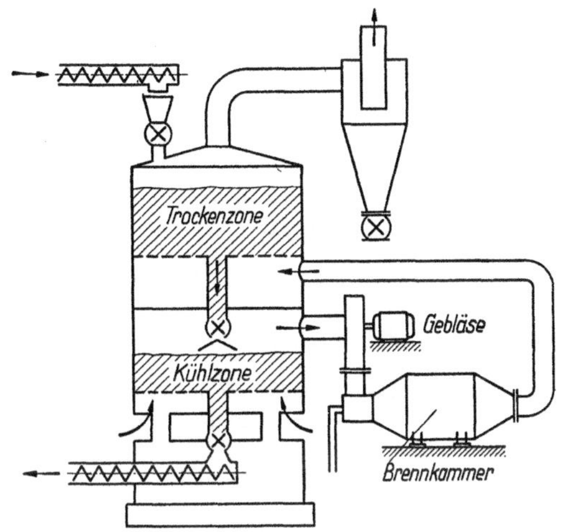

Abb. 73. Zweistufiger Wirbelschichttrockner für die Trocknung von Kochsalz

Eine weitere Ausbildungsform eines Trockners ist in Abb. 74 dargestellt. Der Apparat [75] ist langgestreckt und besteht aus mehreren nebeneinanderliegenden Abteilen, welche vom Gut infolge eines Schichthöhengefälles zwischen Ein- und Austragsseite durchlaufen werden.

In Anlehnung an die Technik der Schlammeinspritzung in die Wirbelschicht beim Rösten kann man auch daran denken, Lösungen durch

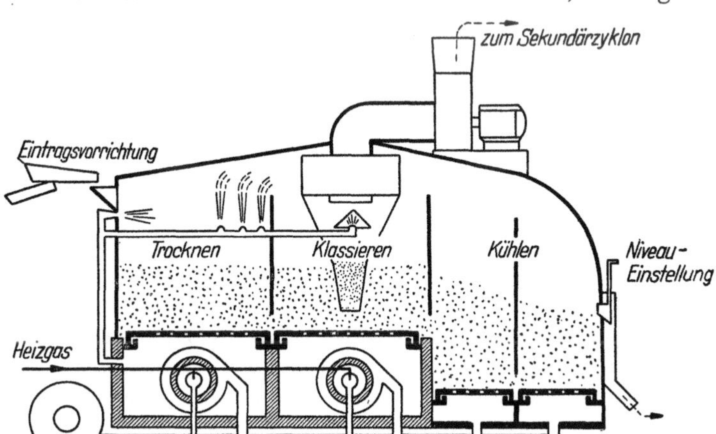

Abb. 74. Wirbelschichttrockner mit nebeneinanderliegenden Wirbelkammern

Eindüsen in eine heiße Wirbelschicht einzudampfen. Jonke, Petkus, Loedung und Lawroski [76] beschreiben Versuche zur Eindampfung von Nitratlösungen. Diese wird über Zerstäuberdüsen in eine Wirbelschicht mit dem kalzinierten Rückstand als Wirbelgut eingebracht. Die Trägerlufttemperatur betrug vor der Schicht 320–550 °C. Wenn aber das Wirbelgut in der eingedüsten Lauge löslich ist, tritt sehr leicht Klumpenbildung auf. Diese kann man allerdings dadurch, daß das Wirbelgut dauernd aus der Schicht abgezogen, gemahlen und wieder eingebracht wird, in erträglichen Grenzen halten.

Selbstverständlich kann man auch andere Substanzen als Wasser aus Wirbelschichten verdampfen. Es gelingt z.B. nach MATZ [77], aus einer inerten Hilfswirbelschicht leicht flüchtige Substanzen, wie z.B. Anthrachinon, zu sublimieren. Die vom Trägergas mitgeführte Sublimatmenge läßt sich gemäß

$$W_b = v_a F \varrho_b \frac{p_b}{P - p_b} \tag{93}$$

berechnen. Hierin bedeuten:

W_b Menge des Sublimats je Zeiteinheit,
v_a Leerrohrgeschwindigkeit des Trägergases, bezogen auf Normalbedingungen (0 °C, 760 Torr),
F Querschnitt der Wirbelschicht,
ϱ_b Dichte des Sublimatdampfes, bezogen auf Normalbedingungen,
p_b Dampfdruck des Sublimanten bei der Sublimatortemperatur,
P Gesamtdruck.

Durch Erniedrigen des Gesamtdruckes kann also bei einer gegebenen Trägergasgeschwindigkeit eine größere Sublimatmenge transportiert werden.

Zur praktischen Durchführung wurde in einem Wirbelschichtrohr von 100 mm Durchmesser, welches mit einem Tragboden aus porösem Sintermetall versehen war, eine Sandwirbelschicht von 6 cm Höhe mit einem Korndurchmesser zwischen 0,1 und 0,15 mm eingebracht. Der Wirbelschicht nachgeschaltet war ein Glaswollefilter sowie eine Reihe von gekühlten Abscheidern. Als Trägergas konnte vorgereinigte und getrocknete Luft oder Stickstoff eingesetzt werden. Die Gasförderung erfolgte durch eine Vakuumpumpe mit einer Ansaugleistung von 2 m^3/h, und das gewünschte Vakuum ließ sich durch ein Drosselventil in der Ansaugleitung vor dem Tragboden einstellen. Bei 30 Torr ergab sich eine Trägergasmenge von 18 Nl/h. Wurde nun in die Hilfswirbelschicht bei einer Temperatur von etwa 265 °C festes Anthrachinon eingebracht, so konnte eine Sublimationsgeschwindigkeit von 80 g/h erzielt werden. Die Kondensation des Anthrachinondampfes erfolgte in den hintereinandergeschalteten Kühlern, wobei sich Produkte verschiedener Korngröße und Reinheit ergaben.

Zur Abscheidung von Dämpfen kann eine Wirbelschicht ebenfalls benutzt werden. Derartige Versuche sind von BRESEE und LARSON [78] durchgeführt worden. Sie benutzten eine Schicht aus 0,18-mm-Glaskugeln, die von außen wassergekühlt war. Als Trägergas wurde Stickstoff, welcher mit Joddampf (1,1–9,4 Mol-%) beladen war, benutzt. Die Leerrohrgeschwindigkeit lag zwischen 6 und 18 cm/sek. Es gelang, den Joddampf zu 99,9% an die Glaskugeln zu kondensieren. Die Arbeitstemperatur betrug 21 °C, wo Jod immerhin noch einen Dampfdruck von 0,24 Torr besitzt. Die weitgehende Kondensation zeigt, daß auch noch Absorptionserscheinungen an den Glaskugeln eine Rolle spielen.

6.2 Kaffeerösten in der Wirbelschicht

In den bis jetzt gebrachten Ausführungsbeispielen hat es sich immer darum gehandelt, relativ feinkörniges Material in der Wirbelschicht zu behandeln, wobei die gröbsten Anteile einen Durchmesser bis etwa 6 mm haben konnten. Will man aber einheitliches Material mit einer Korngröße um etwa 10 mm als Wirbelgut einsetzen, so treten Inhomogenitäten auf. Diese lassen sich durch ein Geschwindigkeitsgefälle innerhalb der Schicht ausgleichen. Bewährt haben sich stationäre, freischwebende Wirbelsuspensionen in einer diffusorartigen Wirbelkammer. Als Beispiel sei hierzu die Röstung von Kaffee gebracht. Der Rohkaffee wird üblicherweise in eisernen Drehtrommeln bei einer Temperatur zwischen 200 und 250 °C etwa 10 Minuten lang mit heißen Gasen behandelt. Hierbei treten eine Reihe von chemischen Reaktionen auf, und die in den Bohnen vorhandene Feuchtigkeit wird entfernt. Der Kaffee entwickelt dabei sein Aroma und nimmt eine braune Farbe an.

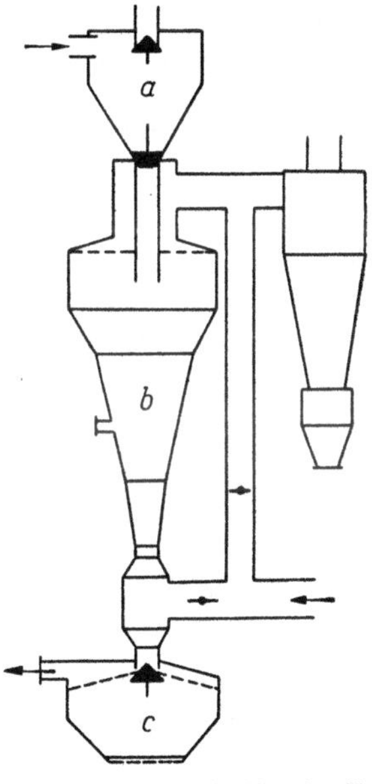

Abb. 75. Wirbelschichtröster für Kaffee
a Vorratsbehälter; *b* Röstkammer; *c* Kühler

Ein Wirbelschichtkaffeeröster ist nun in Abb. 75 dargestellt. Der Apparat arbeitet satzweise, doch ist er weitgehend automatisch gesteuert. Der Rohkaffee, von dem sich eine abgemessene Menge in dem oben angeordneten Vorratsbehälter befindet, wird schlagartig durch Öffnen eines Ventils in die Wirbelkammer eingebracht. Diese hat die Form eines Diffusors, und die sich ausbildende Wirbelsuspension ist bereits in Abb. 7 gezeigt worden. Als Trägergas wird indirekt aufgeheizte Luft mit einer Temperatur von etwa 320° benutzt. Durch eine seitliche Öffnung können von Zeit zu Zeit Proben entnommen werden, um den Fortschritt des Röstvorganges festzustellen. Nach beendeter Röstung wird das Trägergas über eine Umwegleitung von oben eingeführt und das Bodenventil an der Windkammer geöffnet, wodurch der Kaffee in die zweite Stufe, die Kühlwirbelschicht, fällt. Da es beim Kühlen nicht unbedingt auf absolut homogene Behandlung jeder einzelnen Bohne ankommt, genügt es hier, eine von einem Tragrost gehaltene Wirbelschicht zu benutzen. Nach beendeter Kühlung wird der Rost aufgeklappt, und das fertige Produkt kann der Verpackungsstation zugeführt werden.

Die Temperatur im Röstraum fällt durch das Einbringen der kalten Kaffeebohnen schnell um etwa 70° ab und steigt dann allmählich auf die Temperatur des Trägergases an. Die Röstdauer hängt von der Temperatur des Trägergases und vom Mengenverhältnis Trägergas/Kaffee ab. Im allgemeinen beträgt sie je nach der gewünschten Farbe 160–190 sek. Diese Zeit muß genau eingehalten werden, um ein gleichmäßiges Produkt zu gewährleisten. Natürlich ist auch eine Temperaturkonstanz der Heißluft erforderlich. Der Kühler ist so ausgelegt, daß in der für das Rösten einer neuen Charge erforderlichen Zeit die vorhergehende Produktion gekühlt werden kann.

6.3 Hochtemperaturoperationen, Kalkbrennen

Hochtemperaturoperationen in der Wirbelschicht haben für das Brennen von feinstückigem Kalkgestein einige Anwendungen gefunden. Kalziumkarbonat beginnt sich bei 800 °C bereits merkbar zu zersetzen, bei 950° läßt es sich bei Atmosphärendruck bereits vollständig zerlegen, doch wird in der Praxis, z.B. im Schachtofen, eine Überhitzung bis auf etwa 1150 °C durchgeführt. In der Wirbelschicht arbeitet man bei etwa 1000 °C, wobei es gelingt, etwa 99,8% des Kohlendioxyds auszutreiben. Theoretisch benötigt man je Kilogramm $CaCO_3$ zunächst 425 kcal zur Dissoziation. Etwa 270 kcal/kg Kalkstein müssen aufgewendet werden um ihn, bzw. die Reaktionsprodukte, auf 1000 °C aufzuheizen. Bei luftsatter Verbrennung eines hochwertigen Brennstoffs kann man bei 1000 °C in der Wirbelschicht und einem Abgas von ebenfalls 1000 °C mit einem feuerungstechnischen Wirkungsgrad von etwa 60% rechnen, so daß der Gesamtwärmeaufwand 1,160 kcal/kg Kalkstein betragen würde. Das ist ein Wirkungsgrad von knapp 37%, bezogen auf die eigentliche Reaktionswärme. Gut geführte Kalkschachtöfen kommen infolge der Gegenstromführung auf mehr als das Doppelte dieses Wirkungsgrades. Es sind also beim Wirbelschichtverfahren Maßnahmen notwendig, um den Wärmeinhalt der aus der Brennwirbelschicht ausgehenden Produkte nutzbar zu machen. Dies gelingt durch die Anwendung eines mehrstufigen Wirbelschichtreaktors, wie er in Abb. 76 nach Beeken [*72*] dargestellt ist. Die Hochtemperaturzone befindet sich im zweiten Abteil von oben. Die Beheizung erfolgt durch Einblasen von Öl mittels komprimierter Luft in die Wirbelschicht, etwa 150 mm über dem Tragboden über 12 am

Umfang verteilte Rohre. Es ist aber nicht notwendig, das Öl zu zerstäuben. Das oberhalb der Brennzone befindliche Abteil dient zum Vorwärmen des Feststoffes, während die unterhalb liegenden Abteile zum Kühlen bzw. zum Vorwärmen der Verbrennungsluft dienen. Die Verbrennung des eingesetzten Bunker-C-Öls in der Wirbelschicht erfolgt bei Temperaturen von etwa 1000 °C bereits vollständig, wobei nur ein geringer Luftüberschuß von 2–5% angewendet wird. Der Transport des Feststoffes erfolgt über Fallrohre, welche in die darunterliegende Schicht eintauchen.

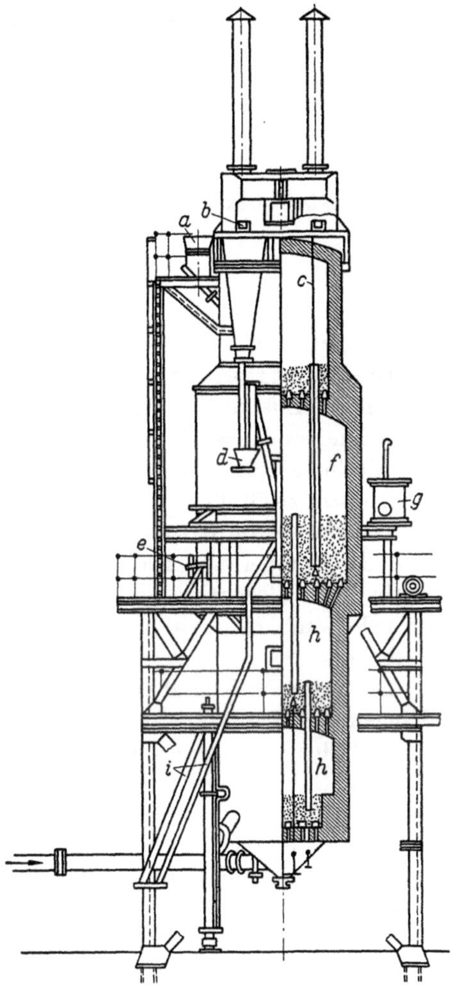

Abb. 76. Mehretagiger Hochtemperatur-Wirbelschichtofen
a Eintragsvorrichtung; *b* Zyklone; *c* Vorheizabteil; *d* U-förmiger Abschluß für den Zyklonaustrag; *e* Brennstoffdüsen; *f* Hochtemperaturabteil; *g* Brennstofftank; *h* Kühlabteil; *i* Austragsrohre

Das Kalkbrennen in einem fünfstufigen Ofen ist näher von White und Kinsella [*79*] beschrieben worden. Die Temperaturverteilung über die einzelnen Abteile ist so, daß von oben nach unten sich 500–750–820–1000–350 °C einstellen. Hier werden also 3 Vorwärmstufen und nur eine Kühlstufe eingesetzt. Die Trägerluftbelastung liegt bei rund 450 Nm³/m² Stunde. Auf diese Gasgeschwindigkeit ist nun die Korngröße des Kalkes unter Berücksichtigung des beim Brennen auftretenden Kornzerfalls abzustimmen. Dies geschieht zunächst durch Brechen unter etwa 3,5 mm. Ein derartiges Produkt würde aber zuviel Staub entwickeln. Es wird daher in einem Wirbler gemäß der Abb. 72 vorgetrocknet und vorerwärmt, wobei die Hauptmenge der feineren Anteile unter 0,2 mm, das sind etwa 15%, ausgeblasen werden. Erst der so entstaubte Rest kann dem Brennofen aufgegeben werden. Auch hier entsteht noch einmal Staub, so daß die Ausbeute insgesamt etwa 80% beträgt. Die Ausnutzung des aufgewendeten Brennstoffs in bezug auf die Dissoziationswärme beträgt 55%, ist also nicht so gut wie beim Schachtofen, aber besser als beim Kalkbrennen im Drehrohr.

6.4 Reduktion von Metalloxyden

Bei der Reduktion von Metalloxyden in der Wirbelschicht wird die Reaktion

$$\mathrm{MeO} = \mathrm{Me} + \frac{1}{2}\,\mathrm{O_2}$$

mit sauerstoffbindenden Vorgängen, meist

$$\mathrm{O_2} + 2\,\mathrm{H_2} = 2\,\mathrm{H_2O}$$

oder

$$\mathrm{O_2} + 2\,\mathrm{CO} = 2\,\mathrm{CO_2}$$

kombiniert.

Die Bildungswärme von H_2O und CO_2 übertrifft in vielen Fällen die Bildungswärme des Metalloxyds, so daß die Gesamtreaktion exotherm wird. Die resultierende Reaktionswärme reicht aber selten aus, um die erforderliche Reaktionstemperatur zu erreichen. Daher muß in irgendeiner Form zusätzlich Wärme zugeführt werden.

Der Sauerstoffpartialdruck der Metalloxyde ist zunächst eine Funktion der Temperatur und des Gesamtdruckes und kann aus der freien Enthalpie der Reaktion berechnet werden. Im Gleichgewicht ist dann auch für jede Temperatur ein bestimmtes Verhältnis von CO/CO_2 oder H_2/H_2O festgelegt.

Der zeitliche Ablauf der Reaktion sollte durch ein zonenweises Vordringen der Umsetzung von außen nach innen gekennzeichnet sein. Dies ist auch der Fall, wenn poröse Ausgangsprodukte vorliegen. Bei dichten Erzen, z.B. bei magmatischen Magnetiten, dringt aber das Reduktionsgas längs der Korngrenzen ins Innere. Die einzelnen Kornbereiche umgeben sich dann mit einer Schale von Metall, deren Dicke unter Umständen nur sehr langsam zunimmt. Aber auch sonst treten mannigfache Komplikationen auf.

Kivnick und Hixon [*80*] haben z.B. die Reduktion eines handelsüblichen Nickeloxyds mit Wasserstoff im satzweisen Betrieb in einem Versuchswirbelschichtapparat untersucht. Es wurden Gemische von Stickstoff mit 20 Vol.-% Wasserstoff benutzt, die Korngröße des Nickeloxyds lag im Intervall von 0,075–0,2 mm. Die Arbeitstemperatur betrug 180–400 °C, und es wurden Leerrohrgeschwindigkeiten von 10–40 cm/sek angewendet.

Bei den höchsten Temperaturen dauerte es hierbei 13 Stunden, bis etwa 75% des Oxydes reduziert waren. Die Abb. 77 zeigt den zeitlichen Verlauf der Reaktionsgeschwindigkeit in Abhängigkeit vom Umsetzungsgrad für eine Temperatur von 370 °C bei verschiedenen Trägergasgeschwindigkeiten. Als Maß für die Reaktionsgeschwindigkeit wurde die Abnahme des Wasserstoffs im Trägergas während des Durchgangs durch die Wirbelschicht, bezogen auf das jeweils noch vorhandene unreduzierte Oxyd und das mittlere Partialdruckgefälle des Wasserstoffs gewählt.

Die Reaktionsgeschwindigkeit steigt zunächst stark an. Dies könnte als Folge eines autokatalytischen Effektes durch das gebildete Metall an der Reaktionszone erklärt werden. Der anschließende Abfall wäre dann durch die zunehmende Diffusionshemmung der immer dicker werdenden Metallschicht verursacht. In dieses Bild paßt aber nicht die ausgeprägte Abhängigkeit von der Trägergasgeschwindigkeit. Bei tieferen Temperaturen war aber die Reaktionsgeschwindigkeit praktisch unabhängig vom Fortschritt der Reaktion. Hier ließ sich auch die Temperaturabhängigkeit bestimmen, welche der ARRHENIUS-Gleichung folgte. Die Aktivierungsenergie betrug 10,200 cal/Mol. Dieser Wert ist ebensogroß wie die Aktivierungsenergie bei der Adsorption von Wasserstoff an Metalloxydoberflächen.

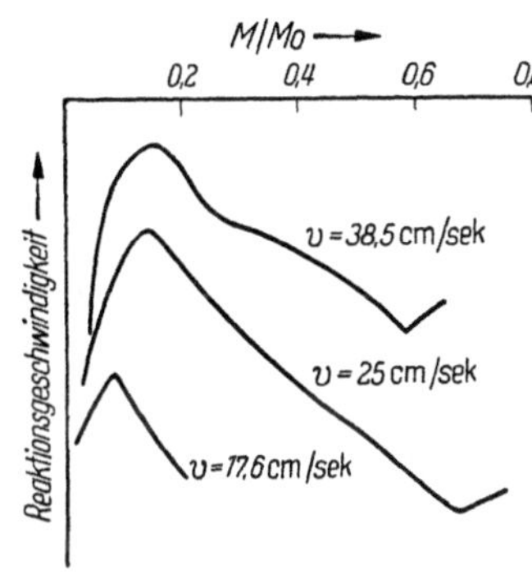

Abb. 77. Abhängigkeit der Reaktionsgeschwindigkeit bei der Reduktion von aufgewirbeltem Nickeloxyd mit Wasserstoff von der bereits umgesetzten Oxydmenge und der Strömungsgeschwindigkeit

M = in der Wirbelschicht gebildete Metallmenge,

M_0 = Anfangsgehalt der Wirbelschicht an Nickel im Nickeloxyd

Das größte Interesse hat bisher die Anwendung der Wirbelschichttechnik auf die Reduktion von Eisenerzen gefunden. Es gibt eine Reihe von Versuchsanlagen, welche nach verschiedenen Methoden arbeiten.

Bei der direkten Reduktion in der Wirbelschicht hat man im Gegensatz zum Hochofen, welcher nur stückiges oder durch einen Sinterprozeß künstlich stückig gemachtes Erz verarbeitet, die Möglichkeit, unmittelbar feine Erze einzusetzen. Man erhält zwar bei den klassischen Wirbelschichtverfahren kein flüssiges Endprodukt, aber das entstehende Schwammeisen läßt sich nutzbringend verwenden.

Die augenfälligste Schwierigkeit bei der Reduktion in der Wirbelschicht ist die Tendenz des gebildeten Eisenpulvers, im reinen Zustand bei höheren Temperaturen zu kleben. Bei Temperaturen bis zu etwa 500 °C tritt diese Erweichung des Wirbelgutes aber noch nicht auf. Allerdings ist hierbei die Reaktionsgeschwindigkeit gering. Bei höherem Druck wird aber der Umsatz wieder schneller.

SQUIRE und JOHNSON [*81*] beschrieben ein derartiges mit reinem Wasserstoff als Reduktionsgas arbeitendes Verfahren H-Iron-Prozeß), dessen Fließbild schematisch in Abb. 78 dargestellt ist. Der Druckwirbelschichtreaktor wird satzweise betrieben. Das feinkörnige Erz wird in einem Drehrohr getrocknet und auf 480 °C aufgeheizt. Mittels pneumatischer Förderung gelangt es in einen Vorratsbehälter, von welchem es mit komprimiertem Wasserstoff in das obere Abteil des Wirbelschichtapparates eingepreßt wird. Dort verbleibt die Charge und wird mit dem Abgas des unteren Abteils durchwirbelt und etwas vorreduziert. Im unteren Abteil wird die vorhergehende Charge fertigreduziert. Dies nimmt je nach der Art des Erzes 8–12 Stunden in Anspruch. Das entstehende Eisenpulver wird dann in einen zweiten Vorratsbehälter übergeführt, von dem es zur Brikettierung gelangt.

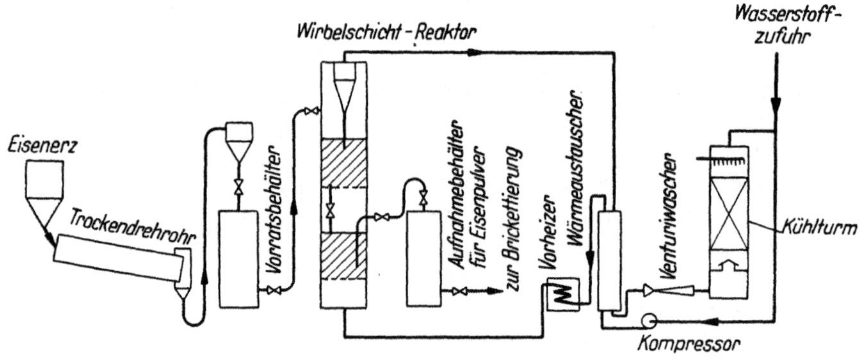

Abb. 78. Herstellung von Eisenpulver in der Wirbelschicht im satzweisen Betrieb unter Druck (H-Iron-Prozeß)

Als Trägergas wird komprimierter Wasserstoff von bis zu 28 at Druck benutzt, welcher auf 540 °C vorgewärmt ist. Das Abgas der Wirbelschicht wird, lediglich durch einen Zyklon entstaubt, über einen Wärmeaustauscher und einen Venturiwäscher einem mit Wasser beaufschlagten Kühlturm zugeführt. Hier kondensiert der bei der Reduktion entstehende Wasserdampf weitgehend, indem das mit 480 °C aus der Wirbelschicht austretende Abgas auf 38 °C abgekühlt wird. Ein Kompressor fördert dann das kalte Gas über den Wärmeaustauscher und den Vorheizer wieder in den Reaktor zurück. Der verbrauchte Wasserstoff wird vor dem Kompressor kontinuierlich ersetzt. Der Wasserstoff wird durch partielle Oxydation von Erdgas und anschließende Umsetzung des daneben gebildeten Kohlenmonoxyds mit Wasserdampf gewonnen. Die Kohlensäure wird vor der Verwendung aus dem Wasserstoff ausgewaschen.

In der Abb. 79a ist die zeitliche Abhängigkeit der Reduktion für Erze vom Hämatit- und Magnetittyp dargestellt. Gegen Schluß der Reaktion wird der Wasserstoff nur wenig ausgenutzt, wie dies das für eine einzige Wirbelschicht geltende Diagramm der Abb. 79b zeigt. Daher benutzt man das Abgas der eigentlichen Reduktionszone, um einen frischen Ansatz im oberen Abteil vorzubehandeln, wodurch die Ausnutzung gleichmäßiger wird. Ein Wirbelschichtreaktor von 0,9 m Durchmesser kann Chargen in der Größe von 5 t verarbeiten.

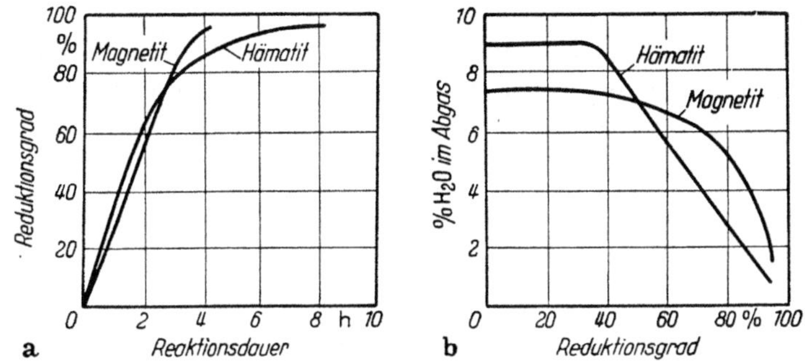

Abb. 79a u. b

a) Zeitliche Abhängigkeit des Reduktionsgrades von verschiedenen Eisenerzen beim H-Iron-Prozeß; b) Ausnutzung des Reduktionswasserstoffs, charakterisiert durch den Wasserdampfgehalt im Abgas für verschiedene Eisenerze vom jeweiligen Reduktionsgrad

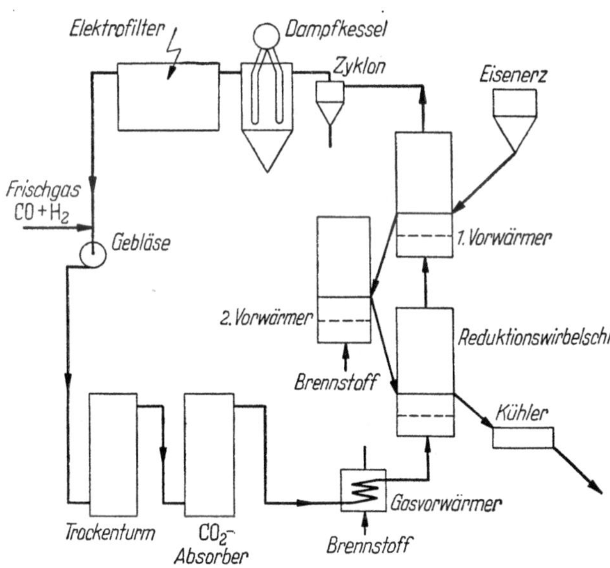

Abb. 80. Kontinuierlich arbeitendes Eisen-Reduktionsverfahren mit Gasrückführung (SHIPLEY-Prozeß)

Ein kontinuierlich arbeitendes Reduktionsverfahren (SHIPLEY-Prozeß) zeigt Abb. 80 nach FRANKLIN [*82*] im Fließschema. Das Erz wird hier auf 930 °C vorgeheizt und mit einem Wasserstoff-Kohlenoxyd-Mischgas reduziert. Der Gaskreislauf ist hier komplizierter, da neben dem gebildeten Wasser auch Kohlendioxyd entfernt werden muß. Die Reduktion soll in wenigen Sekunden vor sich gehen, wenn das Erz unter 6 mm Korngröße zerkleinert wird. Der Arbeitsdruck ist geringer als beim H-Iron-Prozeß und beträgt maximal etwa 2 at. Das Reduktionsgas wird durch Spaltung von Naturgas mit Wasserdampf erzeugt.

Ein einfaches, ohne Gasrückführung und bei Normaldruck arbeitendes Verfahren ist unter dem Namen A. D. LITTLE-Prozeß [*83*] bekannt (Abb. 81). Hier wird bei hohen Temperaturen von über 900 °C reduziert.

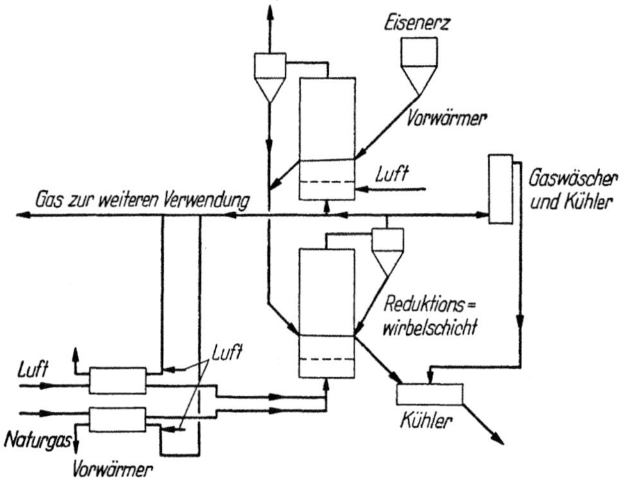

Abb. 81. Kontinuierliches Eisen-Reduktionsverfahren ohne Gasrückführung (A. D. LITTLE-Prozeß)

Das Reduktionsgas entsteht in der Wirbelschicht selbst durch Methanspaltung aus Naturgas. Als Katalysator wirkt das in der Wirbelschicht gebildete Metallpulver. Die Spaltungswärme wird durch gleichzeitiges Einleiten von Luft, welche ein Teil des Gases verbrennt, erzeugt. Das Erz, mit einer maximalen Korngröße von 2,5 mm, tritt zunächst in das obere Abteil des zweistufigen Wirbelschichtreaktors ein, wo es bereits zum Teil reduziert wird. Auch in diesem Abteil wird Luft zusammen mit dem Abgas der ersten Stufe eingeführt, so daß in der Wirbelschicht eine Temperatur von 850 °C entsteht.

Der heiße Austrag gelangt dann in das untere Abteil, wo die weitere Reduktion bei Temperaturen bis zu 950 °C erfolgt.

Damit die Partikel der Wirbelschicht nicht zusammenwachsen, darf nicht bis zu reinem Eisen reduziert werden. Es hat sich gezeigt, daß ein Eisenpulver, welches noch einen Gehalt von Eisenoxyd (zwischen 5 und 30%) besitzt, keine Anbackungserscheinungen zeigt. Der Austrag der zweiten Stufe wird dann unter Reduktionsgas abgekühlt und brikettiert.

Das unten in den Wirbelschichtreaktor eintretende Naturgas wird auf 450 °C, die Luft auf 850 °C vorgeheizt. Das eigentliche Reduktionsgas hat etwa folgende Zusammensetzung: 40 Vol.-% H_2, 18 Vol.-% CO, 2 Vol.-% CO_2, 40 Vol.-% N_2.

7. Kontaktkatalytische Gasreaktionen

7.1 Exotherme Reaktionen, Phthalsäureanhydrid-Synthese, Fischer-Tropsch-Synthese

Bei der heterogenen Gaskatalyse kann man in einfachen Fällen, und wenn keine Behinderung durch Diffusionsvorgänge vorliegt, für den Reaktionslauf folgenden Ansatz machen:

$$\frac{\mathrm{d}p}{\mathrm{d}t} = k(p_{gl} - p). \tag{94}$$

Hierbei bedeutet p den jeweiligen Partialdruck des Reaktionsproduktes und p_{gl} seinen Gleichgewichtspartialdruck. Die Geschwindigkeitskonstante folgt im Prinzip der ARRHENIUSschen Gleichung. Die Aktivierungswärme liegt hierbei zwischen 10 und 40 kcal/Mol, so daß sich im Temperaturgebiet um 500 °C für je 10 °C Temperaturerhöhung eine Geschwindigkeitssteigerung von 10–40% ergibt. Bei exothermen Reaktionen beschränkt allerdings der Gleichgewichtspartialdruck, welcher mit der Temperatur abnimmt, gemäß Gl. (94) die Möglichkeit, durch Temperatursteigerung hohe Reaktionsgeschwindigkeiten zu erreichen. Wird eine solche Reaktion mit Hilfe einer ruhenden Katalysatorschicht ausgeführt, so läßt man am Gaseintritt hohe Temperaturen zu. Dann nähert sich das System mit entsprechend hoher Reaktionsgeschwindigkeit dem Gleichgewichtswert dieser Temperatur, welcher allerdings einem nur geringen Umsatz entspricht. Im weiteren Verlauf des Strömungsweges wird durch Kühlung so viel Wärme abgeführt, daß die Temperatur absinkt. Dadurch erhöht sich der mögliche Umsatzgrad, da der Gleichgewichtspartialdruck des Produktes ansteigt. Die Reaktionsgeschwindigkeit fällt aber entsprechend dem höheren Produktpartialdruck ab, und am Ende der Umsetzung benötigt man für dieselbe Umsatzsteigerung eine um Größenordnungen dickere Kontaktschicht als zu Beginn.

Die chemische Reaktionsgeschwindigkeit ist nun für den Fortschritt der Umsetzung nur dann bestimmend, wenn sie sehr gering ist, also z.B. wenn der Umsatz sich dem Gleichgewicht nähert. Bei schnellen Reaktionen, vor allem wenn der Umsatz erst am Anfang steht, ist aber oft der Transport durch die Gasgrenzschicht geschwindigkeitsbestimmend. Bei mäßig schneller chemischer Reaktion und porösem Katalysator gewinnt weiterhin auch die Diffusion ins Innere Einfluß auf den Reaktionsablauf.

Für den Fall der Gasgrenzschichthemmung bietet die Durchführung der Reaktion in der Wirbelschicht Vorteile gegenüber einem ruhenden Kontakt. Man kann nämlich kleine Katalysatorteilchen einsetzen und große Gasgeschwindigkeiten anwenden und den Stofftransport intensivieren, ohne den hohen Druck, welcher bei einem ruhenden Kontakt hierfür notwendig wäre, aufwenden zu müssen.

Dasselbe gilt auch, wenn die Diffusion ins Innere eines porösen Kontaktes maßgebend ist. Der Nutzungsgrad der Poren bei kleineren Teilchen ist besser als bei großen Katalysatorformlingen.

Ist allerdings die chemische Reaktion zeitbestimmend, so hat eine weitere Verkleinerung der Kontaktkörner keinen Zweck mehr. Es sei denn, die aktive Schicht befinde sich lediglich auf der äußeren Oberfläche. Auch wird in der Wirbelschicht das treibende Konzentrationsgefälle durch die Rückmischung vermindert. Trotzdem kann aber die Anwendung von feinen Katalysatoren in der Wirbelschicht Vorteile bringen. Bei Reaktionen mit starker Wärmeentwicklung läßt sich z. B. eine Überhitzung des Kontaktes dann leichter vermeiden.

Ein solcher Fall ist die Oxydation von Naphthalin zu Phthalsäureanhydrid an einem Vanadinoxydkontakt, welche eine Reaktionswärme von 428 kcal/Mol liefert. Hier kann von der Möglichkeit der wirksameren Kühlung in der Wirbelschicht Vorteil gezogen werden.

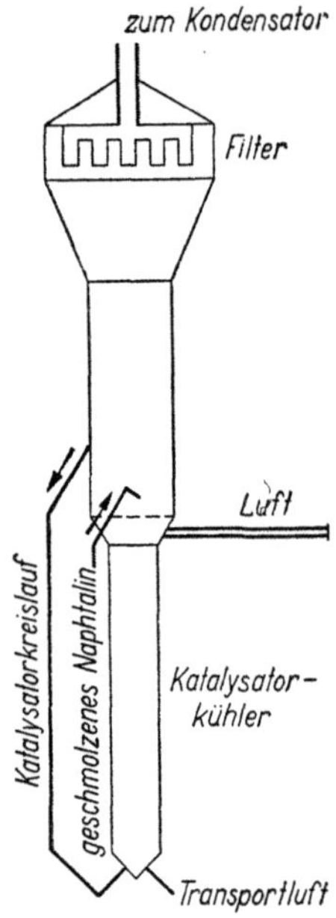

Abb. 82. Wirbelschichtreaktor für die katalytische Oxydation von Naphthalin zu Phthalsäureanhydrid (nach [84])

Einen Wirbelschichtreaktor für die Durchführung dieser Reaktion zeigt schematisch die Abb. 82. Der Katalysator, welcher auf Basis Vanadinpentoxyd aufgebaut ist, befindet sich über einem Rost wirbelnd in dem Reaktor und wird dauernd über einen als Dampfkessel ausgebildeten Kühler zirkuliert. Das Naphthalin wird in geschmolzenem Zustand in die Wirbelschicht eingeführt, wo es verdampft und sich umsetzt. Die Reaktionstemperatur soll 400 °C nicht überschreiten, da sich sonst auch Maleinsäureanhydrid bildet. Das Luft-Naphthalin-Verhältnis beträgt 15:1 auf Gewichtsbasis. Es wird hierbei weniger als die Hälfte der bei ruhendem Katalysator angewendeten Luft verwendet. Man arbeitet praktisch in der Nähe der Explosionsgrenze. Die Querschnittsbelastung des Reaktors beträgt 125 kg Naphthalin/m²h. Die Ausbeute liegt bei 95%. Der mitgerissene Katalysator wird durch ein Glasmattenfilter abgeschieden. Die Glasmatten sind um durchlöcherte Stahlrohre gewunden. Von Zeit zu Zeit wird ein Teil der Filterelemente abgeschaltet und mit einem Hilfsgasstrom in Gegenrichtung leergeblasen. Der Druckverlust der Filter beträgt 1500–2000 mm Wassersäule.

Das dampfförmige Phthalsäureanhydrid, welches den Reaktor verläßt, muß kondensiert werden, wofür man wärmeaustauscherähnliche Vorrichtungen benutzt.

Eine ebenfalls exotherme katalytische Reaktion ist die Kohlenwasserstoffsynthese nach FISCHER-TROPSCH. Bei höheren Temperaturen wird die Methanbildung, welche mit 50 kcal/Mol von allen hierbei möglichen Reaktionen am stärksten exotherm ist, bevorzugt. Dadurch überhitzt sich der Kontakt, und es kommt zu Kohlenstoffabscheidungen. Bei den klassischen, mit ruhender Katalysatorfüllung arbeitenden Reaktoren sind daher die Kühlvorrichtungen ein wichtiges Problem.

Die ersten Wirbelschicht-Synthese-Anlagen arbeiteten mit dichten Schichten unter Verwendung eines alkalihaltigen Eisenkatalysators von 0,04–0,4 mm Korngröße. In die Katalysatorschicht waren zahlreiche Kühlrohre eingebaut [*85*]. Die Beständigkeit des Katalysators war aber durch Kohleabscheidung sehr gering. In der weiteren Entwicklung wurde dann das Prinzip der dichten Schicht verlassen und eine zirkulierende, aufgelockerte Schicht angewendet. Auch hierbei wird wieder mit einem Eisenkatalysator gearbeitet, da dieser gegenüber den klassischen Kobaltkatalysatoren billiger ist und, wenn auf die Produktion von Benzin hingearbeitet wird, dieses höhere Qualität besitzt. Es wird unter Druck gearbeitet. Die Katalysatorherstellung wird gleichzeitig zweckmäßig als Nebenbetrieb der Syntheseanlage betrieben, da dauernd Verluste ergänzt werden müssen.

Der schematische Aufbau eines FISCHER-TROPSCH-Reaktors nach dem Wirbelschichtprinzip ergibt sich aus Abb. 83 nach HOGGENDOORN und SALOMON [*86*]. Der Katalysator läuft aus dem Standrohr *b* dauernd zu und wird von dem bei *p* eintretenden Frischgas mitgenommen. Die Katalysatormasse bewegt sich im Transportrohr mit einer Geschwindigkeit von etwa 9 m/sek, und die Feststoffkonzentration liegt bei etwa 150 kg/m^3. Das Synthesegas ist bereits auf 200 °C vorgewärmt. Es wird ein Druck von 17–21 atü angewendet. Das Transportrohr hat einen Durchmesser von etwas über 1 m, und es wird mit 250000 Nm^3 Synthesegas/Std. beschickt. Die Reaktion setzt sofort ein, wenn der Katalysator mit dem Gas in Berührung kommt. In der erweiterten Zone sind zwei Röhrenkühler angebracht. Das Gas-Katalysator-Gemisch steigt in den Röhren hoch, während außen Öl zirkuliert, welches seine Wärme an ein äußeres Dampfkesselsystem (14 t/h Dampf mit 14 atü) abgibt. Der Kühlölumlauf wird so eingestellt, daß die Reaktionstemperatur über die Reaktionskammer möglichst gleichförmig wird. Sie liegt zwischen 290 °C und 340 °C. Die Katalysatorkonzentration läßt sich mit Hilfe des Druckverlustes über eine Meßstrecke erfassen und kann durch automatisches oder manuelles Verstellen der Zulaufschieber für den Katalysator eingestellt werden. Das aus dem Reaktor austretende Gemisch wird über Zyklone geführt, wo sich der Katalysator abscheidet. Durch das Fallrohr wird er wieder rückgeführt. Um Stockungen zu vermeiden, wird auch in das Fallrohr etwas Synthesegas eingeführt. Insgesamt werden etwa 4000 t Feststoff in der Stunde im Kreislauf geführt.

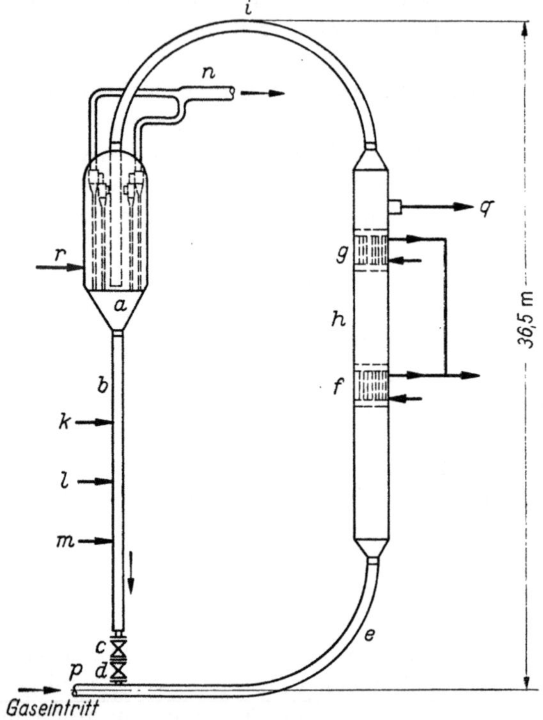

Abb. 83. FISCHER-TROPSCH-Reaktor mit zirkulierender Wirbelschicht
a Katalysator-Absetzbehälter; *b* Fallrohr; *c*, *d* Regulierschieber für den Katalysatorzufluß; *e* pneumatisches Steigrohr; *f*, *g* Kühlaggregate; *h* Reaktor; *i* Transportleitung zum Zyklonsystem; *k*, *l*, *m* sekundäre Einführung von Synthesegas zur Lockerung des Katalysatorstromes; *n* Gasaustritt; *q* Austrag von überschüssigem Katalysator; *r* Zufuhr von frischem Katalysator

Auch das Gas muß im Kreislauf geführt werden, wobei ein Teil unmittelbar nach Abscheidung der kondensierbaren Produkte, der Rest nach Reformierung des gebildeten Methans zurückkommt. Außerdem wird der Anlage noch das Abgas einer anderen, mit ruhendem Kontakt arbeitenden FISCHER-TROPSCH-Synthese zugeführt, so daß das Synthesegas weitgehend von dem beim klassischen Verfahren üblichen Kohlenmonoxyd-Wasserstoff-Gemisch im Verhältnis 1:2 abweicht. Das Verhältnis beträgt hier 5:1; außerdem sind noch wesentliche Mengen, nämlich etwa 27 Vol.-%, an leichteren Kohlenwasserstoffen vorhanden. Die Ausbeute an höheren Kohlenwasserstoffen, welche bei den älteren Wirbelschichtsynthesen 160 g/Nm^3 beträgt, ist für diese Anlage nicht angegeben. Das reagierte Gas reißt noch etwas Katalysator mit, welcher durch eine Ölwäsche abgeschieden wird. In der Wäsche tritt eine Abkühlung auf 145 °C ein. Nach weiterer Kühlung gelangt das Gas dann in die Aufarbeitungsstationen. Je Tag werden etwa 2 t Katalysator verloren, welche zu ersetzen sind. Er wird aus Eisenoxyd hergestellt, welches mit Zuschlagstoffen in einem Elektroofen geschmolzen wird. Die erstarrte Schmelze wird gebrochen und kugelmühlenfein gemahlen. Anschließend wird mit Wasserstoff in einer Wirbelschicht reduziert. Die Reaktionsdauer beträgt 48–50 Stunden. Das Produkt wird unter Inertgas bei 2,8 at Druck gelagert.

7.2 Katalytisches Cracken, Reformieren und Rückstandsverkoken

Nachdem exotherme kontaktkatalytische Reaktionen an Hand einiger Beispiele abgehandelt worden sind, soll eine endotherme Reaktion besprochen werden. Es handelt sich um das katalytische Cracken in der Erdölindustrie, für welche die Wirbelschichttechnik vor knapp 20 Jahren mit einem derartigen Erfolg eingesetzt wurde, daß innerhalb weniger Jahre Hunderte von Anlagen allergrößten Ausmaßes entstanden und die Wirbelschichttechnik allgemein bekannt wurde.

Dieser satzweise Prozeß ließ sich in ein kontinuierliches Verfahren umwandeln, als es gelang, den Katalysator zwischen einem Reaktor und einem Regenerator im Kreislauf zu führen. Dafür haben sich zwei Arbeitsmethoden, die Technik der Wanderschicht und die Wirbelschichttechnik, bewährt. Aus einer Wirbelschicht kann der Feststoff leicht abgezogen und pneumatisch weitergefördert und wieder zugeführt werden. Außerdem ist es einfach, gleichmäßige Reaktionstemperaturen zu erzeugen und Überhitzungen zu vermeiden. Um ein Wirbelgut dauernd in großen Mengen einer Wirbelschicht zuzuführen und wieder abzuführen, könnte man z.B. mit einer wirbelnden Flugstaubwolke, ähnlich dem Reaktor für die Fischer-Tropsch-Synthese (Abb. 83) arbeiten, wo der Feststoff pneumatisch über dem Gasstrom eingetragen und wieder ausgetragen wird. Aber auch aus einer dichten Schicht kann man große Mengen Wirbelgut über ein Standrohr nach unten abfließen lassen, und über die Trägergasleitung in diesem suspendiert wieder zurückführen.

Am Beginn der Entwicklung der Crack-Anlagen arbeitete man im Flugstaubwolkengebiet bei hoher Gasgeschwindigkeit. Später ging man aber auf die stationäre dichte Schicht über. Hierbei ist die in der Schicht zur Verfügung stehende Katalysatormenge in weiten Grenzen unabhängig von dem äußeren Katalysatorkreislauf einstellbar. In letzter Zeit arbeitet man wieder mit höheren Geschwindigkeiten, läßt aber den Feststoff über ein Zyklonsystem unabhängig vom Regenerierkreislauf zirkulieren.

Als Katalysator wird meistens natürlich vorkommender Ton (Montmorillonit), also ein Aluminiumhydrosilikat mit einem Gehalt an Magnesium und Kalzium nach einer Säurebehandlung benutzt. Die Teilchengröße des Kontakts und ihre Verteilung müssen auf verschiedene Forderungen abgestimmt werden. Zunächst scheint es sinnvoll zu sein, möglichst kleine Teilchen, welche eine maximale Oberfläche im Volumenelement der Wirbelschicht ergeben, zu benutzen. Zu kleine Teilchen neigen aber bereits zur Zusammenballung oder sie geben so feinen Staub, daß er sich nicht mehr im Zyklon abscheiden läßt. Gröbere Teilchen erlauben zwar höhere Gasgeschwindigkeiten und dementsprechend größere Durchsätze und lassen sich auch leicht aus dem Gasstrom abscheiden. Es besteht aber die Gefahr, bei gegebener Schichthöhe ungenügend umzusetzen. Eine Korngrößenverteilung, bei der etwa 10% unter 0,04 mm und 30% über 0,08 mm liegen, hat sich für die Staubabscheidung im Zyklon als geeignet erwiesen. Ein relativ weit auseinandergezogener Korngrößenbereich gibt auch gute Beweglichkeit der Schicht und ruhiges Wirbeln mit geringer Blasenbildung. Wenn man hinter dem Regenerator ein Elektrofilter einsetzt, kann man noch etwas feineres Korn anwenden.

Beim Cracken von Öl werden organische Verbindungen gespalten. Dies erfolgt bereits beim einfachen Erhitzen des Öldampfes, wobei aus langen Kohlenwasserstoffketten Spaltstücke kürzerer Kettenlänge, d.h. Benzin und leichtes Gasöl hoher Qualität entstehen. Es treten hierbei Dehydrierungen auf, indem sich z.B. aus Naphthenen Aromaten bilden. Daneben laufen noch Isomerisationen, Polymerisationen ungesättigter Bruchstücke und Kondensationsvorgänge ab. Um die Crackreaktionen lenken zu können, hat man Crackkatalysatoren entwickelt. Es sind dies Aluminium- oder Magnesiumhydrosilikate, denen auch oft ein Chromzusatz gegeben wird.

Beim rein thermischen Cracken benötigt man Temperaturen um und über 500 °C, während in Gegenwart eines Katalysators Temperaturen der Öldämpfe von 470 °C schon genügen. Die Spaltung dürfte durch Wasserstoffionen aus dem Katalysator, welche sich an Doppelbindungen anlagern, eingeleitet werden, während beim thermischen Cracken primär Radikale entstehen.

Beim katalytischen Cracken tritt stets auch eine Kohlenstoffbildung ein, wobei der Katalysator sich mit einer Koksschicht bedeckt und inaktiv wird. Durch vorsichtiges Abbrennen läßt sich diese aber entfernen, und der Katalysator wird wieder aktiv.

Die Katalysatoren sind sehr empfindlich gegenüber Verunreinigungen durch Schwermetalle wie Nickel und Vanadium. Ein Gehalt dieser

Metalle in der Größenordnung von 0,1% verändert den Ablauf der Crackreaktion derart, daß die Benzinausbeute unter vermehrter Wasserstoffbildung und Kohlenstoffabscheidung zurückgeht. Das Rohöl enthält nun wesentliche Mengen dieser Metalle, welche sich bei der Rohöldestillation im Rückstand ansammeln. Nach Abtrennung von primärem Naphtha, Kerosin und Gasöl wird daher der Rückstand noch einmal im Vakuum aufgespalten und das Destillat – ein schweres Gasöl, welches 10–35 Vol.-% des ursprünglichen Rohöls ausmacht – gelangt erst zur katalytischen Crackung.

Bei der praktischen Durchführung der katylatischen Crackung wurde zuerst mit ruhenden Katalysatorschichten von etwa 3 m Höhe gearbeitet. Wegen der Kohleabscheidung mußte nach einer kurzen Betriebsspanne von 10 Minuten eine Pause für die Regenerierung eingelegt werden. Beim Abbrennen des Kohlenstoffs traten sehr leicht Überhitzungen auf, wobei der Katalysator der Gefahr ausgesetzt war, zu sintern. Außerdem waren die Anlagen sehr aufwendig, weil die Wärme der Regeneratorschicht über Wärmeaustauscher der Katalysatorfüllung des Reaktors zugeführt werden mußte.

Die Abscheideleistung der Zyklone im Reaktor ist nicht allzu kritisch, da der mitgeführte Katalysatorstaub bei der nachfolgenden Kondensation der Öldämpfe niedergeschlagen wird. Um aber an den Ölpumpen keinen Abrieb zu verursachen, soll die Schaumkonzentration rund 0,1 kg/l nicht übersteigen. Es wird unter Überdruck von 0,7 bis zu etwa 1,3 atü gearbeitet. Der Arbeitsdruck wird durch den Ansaugdruck der Crackgaskompressoren nach dem Fraktionator festgelegt. Die Reaktionstemperatur und der Katalysatorumlauf, bzw. das Katalysator-Öl-Verhältnis, müssen so aufeinander abgestimmt werden, daß der am Katalysator abgeschiedene Kohlenstoff (etwa 5% des Öls) beim Abbrennen für den Wärmehaushalt der Crackanlage aufkommt.

Eine katalytische Wirbelschichtcrackanlage mit dichter stationärer Wirbelschicht ist in Abb. 84 nach KEITH und SCHUMANN [*87*] dargestellt. In den mit einer Temperatur von etwa 600 °C vom Regenerator abfließenden Katalysator wird auf 350 °C vorgeheiztes Öl eingespritzt. Das Katalysator-Öl-Verhältnis beträgt hierbei etwa 10:1. Das Öl verdampft sofort, und die Dämpfe bzw. bereits entstehende Gase fördern den Katalysator durch den perforierten Tragboden in den Reaktor, wo sich eine Wirbelschicht mit einer Feststoffkonzentration, welche zwischen 320 und 550 kg/m^3 liegen kann, ausbildet. Als Cracktemperatur wird 480 °C bei einem Druck von 0,7 atü gewählt. Die Leerraumströmungsgeschwindigkeit kann zwischen 0,3 und 0,6 m/sek variieren. Aus der Schicht wird dauernd Katalysator, welcher 0,7 bis maximal 1 Gewichtsprozent Kohlenstoff in Form einer Oberflächenschicht enthält, abgeführt. Die Verweilzeit des Katalysators im Reaktor beträgt etwa 1–2 Minuten.

Vor dem Austritt werden die Katalysatorteilchen noch mit Hilfe eines Dampfstroms ausgeblasen, um noch anhaftendes Öl zu entfernen. Ein Luftstrom nimmt sie dann auf und führt sie der Wirbelschicht des Regenerators zu. Hier brennt der Kohlenstoff bei etwa 600 °C und ebenfalls unter einem Druck von 0,7 atü ab. Die Schichthöhe beträgt etwa $3^1/_2$ m, wobei sich die Katalysatorteilchen etwa 10 Minuten in der Schicht aufhalten. Die Sauerstoffausnutzung der Verbrennungsluft ist sehr gut, und

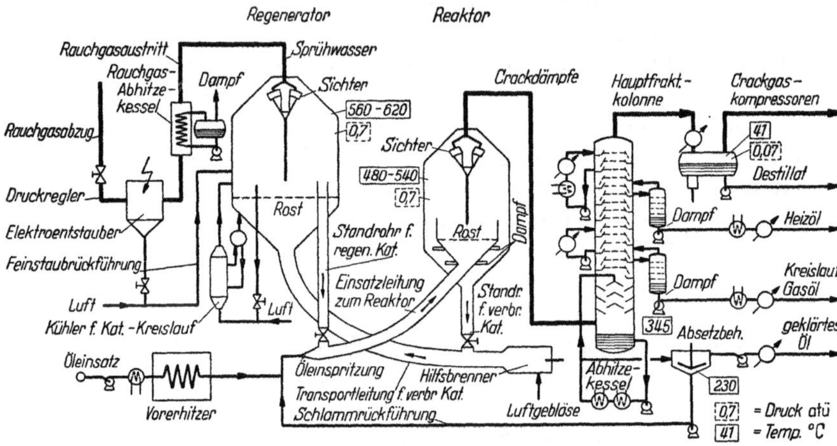

Abb. 84. Katalytische Wirbelschicht-Crackanlage, älteres System mit einstufigem Zyklon und elektrostatischer Staubabscheidung

das Abgas enthält nur rund 0,7 Vol.-% Sauerstoff neben 11 Vol.-% Kohlendioxyd und 7 Vol.-% Kohlenoxyd. Die Verbrennungswärme trägt den Wärmeaufwand des Prozesses. Ein getrennter Kreislauf aus dem Regenerator über einem Dampfkessel gestattet es, überschüssige Wärme abzuziehen.

Eine solche Anlage, welche für einen Tagesdurchsatz bis zu 9000 t Öl gebaut werden kann, wälzt im Tag etwa die zehnfache Menge an Katalysator um. Der Katalysatorvorrat der Anlage wird so bemessen, daß er je Tag etwa hundertmal umläuft.

Beim Durchgang durch die Crackanlage werden etwa 50–60 Vol.-% des Öls umgesetzt. Die aus dem Reaktor kommenden Crackdämpfe werden fraktioniert, wobei gasförmige Komponenten wie Propylen, Butylen und Butan, Roh-Crackbenzin neben leichten und mittleren und schweren Gasölen entstehen. Die schwere Komponente enthält den aus dem Reaktor mitgerissenen Katalysatorstaub, welcher in einen Absetzbehälter zurückgeführt wird. Das mittlere Gasöl wird meist im Kreislauf geführt.

Die Staubabscheidung erfolgt bei der in Abb. 84 dargestellten Anlage durch mehrere parallel geschaltete Zyklone in geneigter Anordnung. Die

Staubkonzentration am Eintritt zu den Zyklonen beträgt 1,5–5 kg/m³. Das Abgas des Regenerators wird noch durch ein Elektrofilter geführt, und der dort noch abgeschiedene Staub wieder der Regeneratorwirbelschicht zugeführt. Hinter dem Elektrofilter wird das Abgas durch ein Ventil auf Atmosphärendruck entspannt und abgestoßen.

In neueren Anlagen benutzt man zwei oder drei in Serie geschaltete Zyklone, wobei der Auslauf der Folgezyklone meist an Stelle eines Tauchrohrs mit einer Pendelklappe abgeschlossen wird. Dies ist beim Anfahren vorteilhaft, wenn noch keine Schicht aufgebaut ist, welche die Standrohre abschließen könnte. Man arbeitet mit so hohen Strömungsgeschwindigkeiten (Leerraumgeschwindigkeit 75 cm/sek) daß die Gase mit einem Staubgehalt von etwa 8 kg/m³ in die Zyklone eintreten. Alle 36 Minuten wird dadurch der Katalysatorinhalt der Wirbelschicht über die Zyklone zirkuliert. Etwa 0,8% des Katalysators gehen je Tag verloren und müssen ersetzt werden. Hierbei ist zu berücksichtigen, daß die Kornverteilung erhalten bleibt.

Ein der Abb. 84 ähnliches Reaktor-Regenerator-System sowie zwei moderne Typen von Wirbelschichtcrackern sind in Abb. 85a–c schematisch dargestellt (Kraft, Ullrich u. O'Connor [*88*], Willig [*89*], Wickham u. Kamptner [*90*]). Die Systeme unterscheiden sich in der Anord-

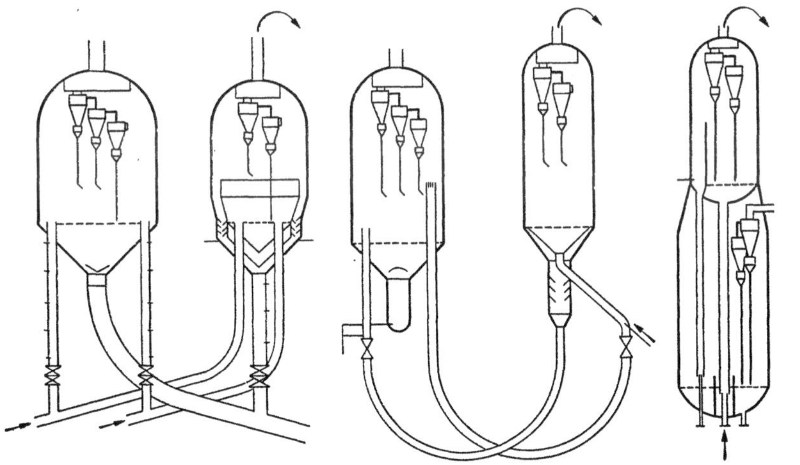

a b c

Abb. 85a–c. Zusammenstellung verschiedener Reaktor-Regenerator-Systeme bei katalytischen Crackanlagen

nung der beiden Wirbelschichtkammern, welche, wie bereits besprochen, nebeneinander, aber auch übereinander angeordnet sein können. Der Katalysatortransport bei der Nebeneinanderanordnung (Abb. 85b) erfolgt durch U-förmige Leitungen, wobei die Trägerluft oder der Trägeröldampf an einer solchen Stelle eingeführt wird, daß sich wie bei einer Mammutpumpe ein Dichteunterschied in den kommunizierenden Schenkeln ausbildet. Hierbei erhält man höhere Feststoffkonzentration und kann demgemäß kleinere Leitungen anwenden. Auch braucht man hierbei die Schieber nicht mehr zum Einstellen des Katalysatorflusses. Bei der übereinanderliegenden Anordnung (Ortho-Flow-System) wird der Katalysator durch das verdampfende Öl in den oben befindlichen Reaktor gefördert. Er fließt durch sein Gewicht über ein Fallrohr in den Regenerator zurück. Die Verbrennungsluft wird nicht mehr zum Transport herangezogen, sondern unmittelbar der Regenerierwirbelschicht zugeführt. Dadurch erspart man etwa 0,2 at am Kompressor.

Als Baustoff für den Reaktor, welcher ja bei niedrigerer Temperatur arbeitet, hat sich niedrig legierter Kohlenstoffstahl bewährt. Die Außenwand wird isoliert. Die Regeneratortemperatur ist zu hoch, um ungeschützten Stahl anzuwenden. Daher wird eine Isolierschicht aufgebracht. Um diese gegen Abrieb zu schützen, wird sie durch ein wabenartiges Stahlgitter verstärkt.

Die Qualität der Crackbenzine ist besser als die der Primär-(straightrun)-Benzine, da die letzteren stark naphthenisch sind, während beim Cracken sich mehr Aromaten bilden, welche eine höhere Oktanzahl geben. Man hat daher ein der Crackung sehr ähnliches Verfahren auch auf die Primärbenzine angewandt, um ein Produkt mit hohen Oktanzahlen zu erhalten. Hierbei werden Naphthene zu Aromaten dehydriert. Bei der Reaktion entstehen außerdem noch gasförmige Kohlenwasserstoffe und Wasserstoff neben Koks. Der Wasserstoff wird im Kreislauf geführt. Dieser Prozeß wird Reformieren genannt. Er kann mit ruhendem Kontakt, aber auch in der Wirbelschicht durchgeführt werden.

Eine solche Wirbelschicht-Reformieranlage ähnelt in ihrem Aufbau prinzipiell einer Crackanlage (Abb. 86). Allerdings wird der Reaktor größer als der Regenerator. Dies liegt daran, daß die Raumzeitausbeute etwa 15mal geringer ist als beim katalytischen Cracken. Man arbeitet mit etwa 0,3 kg Rohbenzin/Std. und kg Katalysator im Reaktor. Die Aufenthaltsdauer des Katalysators im Reaktor beträgt mehrere Stunden. Man verwendet bei der Reformierung höhere Drücke von 14 atü und darüber. Die Kohlenstoffbildung wird soweit als möglich zurückgedrängt (1–2% des Einsatzes), da sie ja einen Verlust des teuren Ausgangsmaterials bedeutet. Außerdem ist die sehr hoch zu komprimierende Verbrennungsluft ebenfalls teuer. Es ist billiger, die Ausgangsprodukte aufzuheizen und auf diese Weise den Wärmehaushalt auszugleichen. Die Reaktionstemperatur liegt bei 480 °C, und der Katalysator wird bei 600 °C regeneriert. In dem Reaktor wird das auf 600 °C erhitzte Naphtha zusammen mit dem Kreislaufgas, welches auf etwa 650 °C vorgeheizt wird, eingeblasen. Man leitet das Gemisch über eine Anzahl von Rohren direkt in die Schicht ein, um eine Reaktion (Hydrocracken) ohne Gegenwart von Katalysator zu vermeiden. Die Reaktionsdämpfe gelangen in die Fraktionierungsstufen, wo geringe Mengen an Polymerisat und die gasförmigen Produkte vom reformierten Benzin abgetrennt werden. Je Tonne Naphtha mit etwa 40% Naphthengehalt entstehen rund 20 m³ Wasserstoff. Dieser kann im Erdölraffineriebetrieb noch nutzbringend – z.B. zum Entschwefeln von

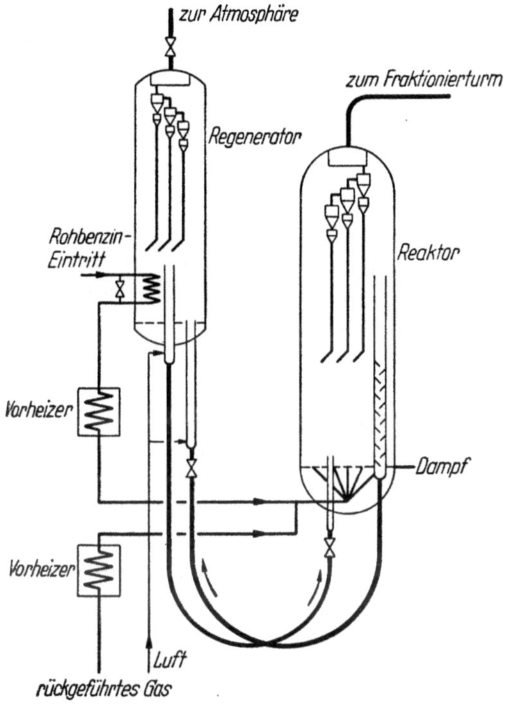

Abb. 86. Schema einer katalytischen Wirbelschicht-Reformieranlage

Dieselöl – verwendet werden. Der Regenerator enthält weniger als ein Zehntel der Kontaktmassemenge des Reaktors. Sowohl der Reaktor als auch der Regenerator und die Zyklonen sind keramisch ausgekleidet.

Eine weitere Anwendung der für das Wirbelschichtcracken entwickelten Technik hat sich auch für die Crackung der Rückstände aus der Vakuumstufe der Rohöldestillation ergeben. Dieses pechartige Residuum findet zwar mit leichteren Fraktionen verschnitten Absatz als Heizöl, doch ist z.B. in den Vereinigetn Staaten der Bedarf an Benzin und Dieselöl so groß, daß die Crackung auch von Heizöl zu diesen Produkten wünschenswert ist. Es wurde bereits erwähnt, daß sich im Residuum die Schwermetalle des Rohöls anreichern. Bei einer rein katalytischen Crackung lagern sich diese am Katalysator ab und machen ihn inaktiv. Es ist aber möglich, den Crackprozeß auch im Kontakt mit Koksteilchen durchzuführen. Hierbei tritt die Kohleabscheidung auf den bereits vorhandenen Koksteilchen ein. Der neugebildete Koks wird abgezogen. Die Reaktion verläuft im Bereich von 485–570 °C bei atmosphärischem oder leichtem Überdruck. Auch hier hat sich die Wirbelschichttechnik bewährt, denn um die erforderliche Wärme aufzubringen, kann der Koks über eine zweite, mit Luft aufgewirbelte Stufe im Kreislauf geführt werden, wo ein Teil verbrennt.

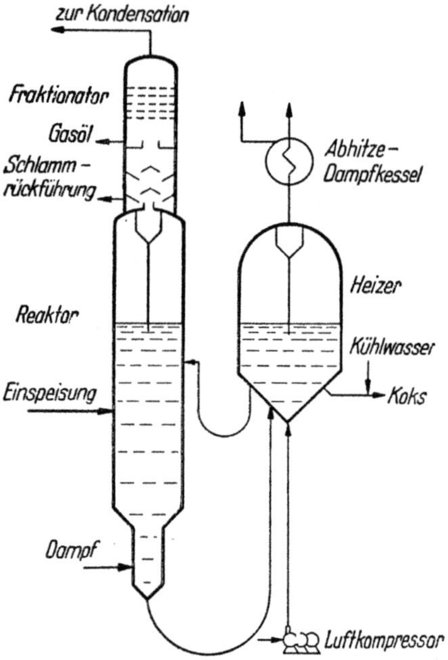

Abb. 87. Wirbelschichtverkoker

Ein derartiger Wirbelschichtverkoker ist in Abb. 87 nach Barr und Jahnig [*91*] dargestellt. Der Rückstand, welcher mit etwa 300 °C aus der Vakuumdestillation ankommt, wird direkt in die heiße Koksschicht im Reaktor eingepumpt und eventuell mit Dampf zerstäubt. Die Koksteilchen, welche bis zu 0,8 mm Durchmesser haben, werden durch die Crackprodukte und den im unteren Teil eingeblasenen Dampf zum Wirbeln gebracht. Mitgerissener Koks wird zum größten Teil in einem Zyklon abgeschieden. Der Rest fällt in einem sich anschließenden Fraktionierturm als Ölschlamm an, welcher wieder rückgeführt wird. Als Mittelprodukt erhält man bei der Fraktionierung ein Gasöl (etwa 60 Vol.-% des Einsatzes), welches in einer normalen Crackanlage weiter verarbeitet werden kann. Aus den leicht flüchtigen Anteilen lassen sich etwa 20 Vol.-% des Einsatzes an Benzin kondensieren. Außerdem entstehen noch Butan und Propan und ungesättigte Kohlenwasserstoffe. Die Koksausbeute beträgt etwa 25 Gew.-% des eingesetzten Rückstandes. Die Koksteilchen werden über eine Heizwirbelschicht zirkuliert, wo man etwa ein Fünftel verbrennt, um den Wärmehaushalt aufrechtzuerhalten. Der Koks enthält praktisch alle metallischen Bestandteile des Rohöls. Er wird abgekühlt und windgesichtet, wobei die feinen Anteile als Keime in den Prozeß zurückgehen.

Literaturverzeichnis

[1] PARENT, I. D., N. YAGOL u. G. S. STEINER: Chem. Eng. Progr. 43 (1947) S. 429.
[2] WILHELM, R. A., u. M. KWAUK: Chem. Eng. Progr. 44 (1948) S. 201.
[3] SHUSTER, W. W., u. O. KISLIAK: Chem. Eng. Progr. 48 (1952) S. 455.
[4] MORSE, R. D., u. C. O. BALLOU: Chem. Eng. Progr. 47 (1951) S. 199.
[5] ERGUN, S.: Chem. Eng. Progr. 48 (1952) S. 89.
[6] CARMAN, P. C.: Flow of Gases through porous Media, London 1956.
[7] LEVA, M., M. GRUMMER, M. WEINTRAUB u. M. POLLCHIK: Chem. Eng. Progr. 44 (1948) S. 511.
[8] VAN HEERDEN, C., A. P. P. NOBEL u. D. W. VAN KREVELEN: Chem. Eng. Science 1 (1952) S. 37.
[9] GUIYER, A., E. GRAF u. A. GUIYER jr.: Helv. Chimica Acta 38 (1955) S. 473.
[10] JOLLEY, L. I., u. I. E. STANTON: J. appl. Chem. 2 (1952) Suppl. Issue No. 1, S. 62.
[11] PRANDTL, L.: Führer durch die Strömungslehre, Braunschweig 1944.
[12] REED, T. M., u. M. R. FENSKE: Ind. Eng. Chem. 47 (1955) S. 275.
[13] BAKKER, P. T., u. P. M. HEERTJES: Brit. Chem. Eng. 3 (1958) S. 240.
[14] LEVA, M., M. GRUMMER, M. WEINTRAUB u. M. POLLCHIK: Chem. Eng. Progr. 44 (1948) S. 619.
[15] LEVA, M., M. GRUMMER, M. WEINTRAUB u. M. POLLCHIK: Ind. Eng. Chem. 41 (1949) S. 1207.
[16] LEVA, M., M. WEINTRAUB, M. GRUMMER, M. POLLCHIK u. H. H. STORCH; U. S. Bur. Mines Bull 1951, S. 504.
[17] LEWIS, K. K., E. R. GILLILAND u. W. C. BAUER: Ind. Eng. Chem. 41 (1949) S. 1104.
[18] BRÖTZ, W.: Chem. Ing. Tech. 24 (1952) S. 60.
[19] THOMEY, R. D., u. H. F. JOHNSTONE: Chem. Eng. Progr. 48 (1952) S. 220.
[20] TRAWINSKY, H.: Chem. Ing. Techn. 25 (1953) S. 229.
[21] MATHESON, G. L., W. A. HERBST u. P. A. HOLT: Ind. Eng. Chem. 41 (1949) S. 1099.
[22] KRAMERS, H.: Chem. Eng. Science 1 (1951) S. 35.
[23] TRAWINSKY, H.: Chem. Ing. Techn. 25 (1953) S. 201.
[24] LEVA, M.: Chem. Eng. Progr. 47 (1951) S. 39.
[25] OSBERG, G. L., u. D. H. CHARLESWORTH: Chem. Eng. Progr. 47 (1951) S. 566.
[26] HARIU, O. H., u. M. C. MOLSTAD: Ind. Eng. Chem. 41 (1949) S. 1148–1160.
[27] BARTH, W.: Chem. Ing. Techn. 26 (1954) S. 29.
[28] GILLILAND, E. R.: Canadian Chemistry and Process Ind. 1950, S. 632.
[29] MICKLEY, H. S., u. C. A. TRILLING: Ind. Eng. Chem. 41 (1949) S. 1135.
[30] GINNES, R. C.: Chem. Eng. Progr. 49 (1953) S. 113.
[31] ZENZ, F. A.: in OTHMER, Fluidization 1956.
[32] WILHELM, R. H., u. S. VALENTINE: Ind. Eng. Chem. 43 (1951) S. 1199.
[33] LEVA, M., u. M. GRUMMER: Chem. Eng. Progr. 48 (1952) S. 307.
[34] WICKE, E., u. F. FETTING: Chem. Ing. Techn. 26 (1954) S. 301.

[35] VREEDENBERG, H. A.: J. appl. Chem. 2 (1952) Suppl. Issue No. 1, S. 26.
[36] DOW, W. M., u. M. JACKOB: Chem. Eng. Progr. 47 (1951) S. 637.
[37] VAN HEERDEN, C.: J. appl. Chem. 2 (1952) Suppl. Issue No. 1, S. 7.
[38] VAN HEERDEN, C., A. P. P. NOBEL u. D. W. VAN KREVELEN: Ind. Eng. Chem. 45 (1953) S. 1237.
[39] VAN HEERDEN, C., A. P. NOBEL u. D. W. VAN KREVELEN: Chem. Eng. Science 1. (1952) S. 51.
[40] BRÖTZ, W., I. W. HIBY u. K. G. MÜLLER: Chem. Ing. Techn. 30 (1958) S. 138.
[41] ULLMANNS Enzyklopädie der techn. Chemie Bd. 1 (1951) S. 211.
[42] FROESSLING, N.: Gerlands Beitr. Geophys. 52 (1938) S. 170.
[43] BRÖTZ, W.: Chem. Ing. Techn. 28 (1956) S. 165.
[44] WAMSLEY, W. W., u. L. N. JOHNSON: Chem. Eng. Progr. 50 (1954) S. 347.
[45] KETTENRING, K. N., E. L. MANDERFIELD u. J. M. SMITH: Chem. Eng. Progr. 46 (1950) S. 139.
[46] WALTON, J. S., R. S. OLSON u. O. LEVENSPIEL: Ind. Eng. Chem. 44 (1952) S. 1474.
[47] HEERTJES, P. M., H. G. J. DE BOER u. A. H. DE HAAS VAN DOSSER: Chem. Eng. Science 2 (1953) S. 97.
[48] MCCUNE, L. K., u. R. H. WILHELM: Ind. Eng. Chem. 41 (1949) S. 1124.
[49[CHILTON, T. H., u. A. P. COLBURN: Ind. Eng. Chem. 26 (1934) S. 1183.
[50] CHU, J. Ch., J. KALIL u. A. WETTEROTH: Chem. Eng. Progr. 49 (1953) S. 141.
[51] GILLILAND, E. R., u. E. A. MASON: Ind. Eng. Chem. 44 (1952) S. 218.
[52] WICKE, E., u. H. TRAWINSKY: Chem. Ing. Techn. 25 (1953) S. 114.
[53] GILLILAND, E. R., u. E. A. MASON: Ind. Eng. Chem. 41 (1949) S. 1191.
[54] KALBACH, J. C.: Chem. Eng. 54 (Febr. 1947) S. 136.
[55] PETERS, K., A. ORLICEK u. A. SCHMIDT: Chem. Ing. Techn. 25 (1953) S. 313.
[56] BOSCH, C.: Die chemische Fabrik 7 (1934) S. 1.
[57] SABEL, F.: Chem. Ing. Techn. 24 (1952) S. 93.
[58] HEDDEN, K.: Chem. Ing. Techn. 30 (1958) S. 125.
[59] LEWIS, W. K., E. R. GILLILAND u. G. T. MCBRIDE jr.: Ind. Eng. Chem. 41 (1959) S. 1213.
[60] FLESCH, W.: Glückauf 90 (1954) S. 537.
[61] RAYNER, I. W. R.: J. Ind. Fuel 25 (1952) S. 50.
[62] STONE, H. N., I. D. BACHELOR u. H. F. JOHNSTONE: Ind. Eng. Chem. 46 (1954) S. 274.
[63] GODEL, A.: Mem. Soc. Ind. Civ. 108 (1955) S. 476.
[64] THOMPSON, R. B.: Chem. Eng. Progr. 49 (1953) S. 253.
[65] HEGEMANN, J. T.: Pulp and Paper Mag. Canada 1953, S. 123.
[66] JOHANNSEN, A., u. W. DANZ: Chem. Ing. Techn. 29 (1957) S. 563.
[67] THOMPSON, R. B.: in OTHMER, Fluidization 1956.
[68] QUENEAU, P., E. H. BRACKEN u. D. KELLY: J. of Metalls 1958, S. 527.
[69] CHILTON, C. H.: Chem. Eng. 6 (1958) S. 132.
[70] SCHWAB, G. M., u. J. PHILINIS: Z. anorg. allgem. Chem. 253 (1945) S. 71.
[71] JAVORSKY, B.: Svensk Papperetidning 1956 H. 22.
[72] BEEKEN, D. W.: The industrial Chemist., Juni 1958.
[73] WALL, C. I., u. W. I. ASH: Ind. Eng. Chem. 41 (1949) S. 1247.
[74] JOBES, Ch. W.: Chem. Eng. 61 (Januar 1954) S. 166.
[75] Anonym: Chem. Eng. 63 (Februar 1956) S. 116.
[76] JONKE, A. A., E. J. PETKUS, J. W. LOEDUNG u. S. LAWROSKI: Nuclear Sci. Eng. 1957, S. 303.
[77] MATZ, G.: Chem. Ing. Techn. 30 (1958) S. 319.
[78] BRESEE, J. C., u. P. R. LARSON: Ind. Eng. Chem. 49 (1957) S. 1349.

[79] WHITE, F. S., u. E. L. KINSELLA: Mining Eng. September 1952.
[80] KIVNICK, A., u. A. N. HIXYON: Chem. Eng. Progr. 48 (1952) S. 394.
[81] SQUIRE, A. M., u. C. A. JOHNSON: J. of Metals 10 (1957) S. 586.
[82] FRANKLIN, J. W.: Eng. Mining J. 158 (1957) S. 84.
[83] Anonym: Chem. Eng. 64 (Januar 1957) S. 130.
[84] Anonym: Brit. Chem. Eng. 2 (1957) S. 8.
[85] PICHLER, H.: Brennstoff-Chemie 30 (1949) S. 105.
[86] HOGGENDOORN, I. C., u. I. M. SALOMON: Brit. Chem. Eng. 2 (1957) S. 308.
[87] KEITH, P. C., u. S. C. SCHUMANN: Erdöl und Kohle 6 (1953) S. 252.
[88] KRAFT, W. W., W. ULLRICH u. W. O'CONNOR: in OTHMER, Fluidization 1956.
[89] WILLIG, E.: Erdöl und Kohle 7 (1954) S. 561.
[90] WICKHAM, H. P., u. H. K. KAMPTNER: Erdöl und Kohle 6 (1953) S. 624.
[91] BARR, F. T., u. C. E. JAHNIG: Chem. Eng. Progr. 51 (1955) S. 167.

Namen- und Sachverzeichnis

Abweichungen des Druckverlustes vom theoretischen Wert 5, 21
Aufheizgeschwindigkeit von Wirbelschichten 59
Ausdehnung von Wirbelschichten 19

BAKKER, P.T. und Mitarbeiter 20
BARR, F.T. und Mitarbeiter 114
BARTH, W. 35
BEEKEN, D.W. 91
BOSCH, C. 72
Brennstoffkreislauf beim Vergasen 80
BRESEE, J. C. und Mitarbeiter 94
BRÖTZ, W. und Mitarbeiter 23, 54, 57,70

CARMAN, P. C. 10
CARMAN-KOZENY-Gleichung 10
CHILTON, TH. und Mitarbeiter 62
CHILTON-COLBURNscher-j_D-Faktor 62
CHU, J. CH. und Mitarbeiter 63
Crack-Katalysatoren 108

Diffusor-Wirbelschichten 9, 41, 95
DOW, W. M. und Mitarbeiter 49
Druckabfall in Schüttungen 10
Druckabfall bei der pneumatischen Förderung 33
Druckabfall in der Wirbelschicht 9

Eigengeschwindigkeit von suspendierten Teilchen 32
Eindampfen von Lösungen 93
Entgasung von Kohlen
ERGUN, S. 9

FEHLINGsche Formel 23
FISCHER-TROPSCH-Verfahren 105
FLESCH, W. 77
Flugstaubbildung 83
Flüssigkeit als Wirbelgut 8
Formfaktor 13
FRANKLIN, J. W. 101

FROESSLING, N. 86
FROESSLINGsche Formel 86
FROUDEsche Zahl 42

Gasblasen, Steiggeschwindigkeit, Durchmesser 26
GILLILAND, E. R. und Mitarbeiter 35, 65, 68
GINNES, R. C. 38
GODELL, A. 81
GRASHOFsche Zahl 54
Grenzschicht 51
GUIYER, A. und Mitarbeiter 14

HARIU, O. H. und Mitarbeiter 33
HEDDEN, K. 74
van HEERDEN, C. und Mitarbeiter 12, 49, 53
HEERTJES, P. M. und Mitarbeiter 60
HEEGEMANN, J.T. 83
Hochtemperatur-Wirbelschicht 97
Hohlraumteile am Lockerungspunkt 13
HOGGENDOORN, I. C. und Mitarbeiter 105
Hydraulischer Radius der Hohlraumanteile 11

Inhomogenitätsgrad 44
Intermittierende Vergasung 78

JAVORSKY, B. 90
JOBES, CH.W. 92
JONKE, A.A. und Mitarbeiter 93
JOHANNSEN, A. und Mitarbeiter 85
JOLLEY, L. I. und Mitarbeiter 14

Kaffeerösten in der Wirbelschicht 95
KALBACH, J. C. 68
Kalkbrennen 96
Katalytisches Cracken 111
KEITH, P. C. und Mitarbeiter 109
KETTENRING, K. N. und Mitarbeiter 63

KIVNICK, A. und Mitarbeiter 98
Kohleverbrennung 81
Kohlevergasung, theoretische Ausführungen 75
Kontaktkatalytische Gasreaktionen 103
Konzentrationsverteilung im Wirbelgut 38
KRAFT, W. W. und Mitarbeiter 111
KRAMERS. H, 28
Kühlelemente 85, 108
Kühlen in der Wirbelschicht 96

LEVA, M. und Mitarbeiter 12, 20, 30, 47
LEVAsche Formel 12
LEWIS, K. K. und Mitarbeiter 21, 36, 76
LITTLE-Prozeß 102
Löchertheorie 29
Lockerungsgeschwindigkeit 12

MATHESON, G. L. und Mitarbeiter 28
MCCUNE, L. K. und Mitarbeiter 61
Materialbeladung 32
MATZ, G. 94
MICKLEY, H. S. und Mitarbeiter 37, 46
Mischeffekte im Wirbelgut 68
Mischungskoeffizient 70
Mittlerer Teilchendurchmesser 13
MORSE, R. D. und Mitarbeiter 7

NEWTONsches Widerstandsgesetz 17
NUSSELTsche Zahl 54

OSBERG, G. L. und Mitarbeiter 31
OSEENsche Gleichung 16

PARENT, I. D. und Mitarbeiter 5
PETERS, K. und Mitarbeiter 70
Pfropfenströmung 61
PICHLER, H. 105
Phthalsäureanhydrid-Synthese 104
Pneumatische Förderung 32
PRANDTL, L. 18
PRANDTLsche Zahl 54
Pyritrösten 82

QUENEAU, P. und Mitarbeiter 86

RAYNER, I. W. R. 79
Reaktionsgeschwindigkeit in der Wirbelschicht 67
Reduktionsgeschwindigkeit von Eisenerz 101
Reduktionsgeschwindigkeit von Nickeloxyd 99
REED, T. M. und Mitarbeiter 18
Reformieren 112
Rieselschichten 39, 41
Rostloser WINKLER-Generator 73
Röstofentypen 84
Rohrförmige Einbauten 48
Rückmischung 35, 61, 65
Rückstandverkoken 113

SABEL, F. 73
Schlammeinpumpung 83
Schlupfgeschwindigkeit von suspendierten Teilchen 37
SCHWAB, G. M. und Mitarbeiter 88
Schwebegeschwindigkeit, Näherungsgleichung für Kugeln 15, 17
Schwingende Einbauten 18
SHIPLEY-Prozeß 101
SCHUSTER, W. W. und Mitarbeiter 7
Sinkgeschwindigkeit von vergesellschafteten Teilchen 22
Springbrunnenwirkung 9
SQUIRE, A. M. und Mitarbeiter 99
Staubentwicklung in Wirbelschichten 30
Stoffübergang in Wirbelschichten 60, 90
STONE, H. N. und Mitarbeiter 80
STOKESsches Gesetz 16, 22
Stopfgrenze 35
Strömungen im Wirbelgut 50
Sublimieren in der Wirbelschicht 94

Thermisches Cracken 108
THOMEY, R. D. und Mitarbeiter 25
THOMPSON, R. B. 83, 86
TRAWINSKY, H. 26, 31, 44
Tragböden für Wirbelschichtreaktoren 2, 5
Trocknen in der Wirbelschicht 91

Untersuchungsmethoden für den Reaktionsablauf 80, 88

Verweilzeit-Spektren 66
VREEDENBERG, H. A. 49

WALL, C. I. und Mitarbeiter 92
WALTON, J. S. und Mitarbeiter 60
WAMSLEY, W. W. und Mitarbeiter 58, 71
Wanderschichten 39
Wärmeübergang zur Wirbelschicht 45

Wärmeübergang bei niedriger Materialbeladung 55
Wärmeübergang zwischen Trägergas und Wirbelgut 57
Wärmetransport durch Mischwirkung 71
Wasserverdunstung in der Wirbelschicht 64
WHITE, F. S. und Mitarbeiter 97
Widerstandszahl bei durchströmten Schüttungen 10
Widerstandszahl von einzelnen Teilchen 15, 18
WICKE, E. und Mitarbeiter 48, 67
WILHELM, R. A. und Mitarbeiter 5, 41
Windschattenwirkung von Einbauten 6
WINKLER-Generator 72
WICKHAM, H. P. und Mitarbeiter 111
WILLIG, E. 111
Wirbelnde Flugstaubwolken 36
Wirbelwirksamkeit 47

Zähigkeit einer Wirbelschicht, theoretische Berechnung 29
Zeitliche Druckschwankungen 7
ZENZ, F. A. 39
Zustandsdiagramme von Wirbelschichten 38, 87

721/50/60

GPSR Compliance

The European Union's (EU) General Product Safety Regulation (GPSR) is a set of rules that requires consumer products to be safe and our obligations to ensure this.

If you have any concerns about our products, you can contact us on ProductSafety@springernature.com

In case Publisher is established outside the EU, the EU authorized representative is:

Springer Nature Customer Service Center GmbH
Europaplatz 3
69115 Heidelberg, Germany

Batch number: 10682323

Printed by Printforce, the Netherlands